"十四五"职业教育国家规划教材　　　大数据技术精品系列教材

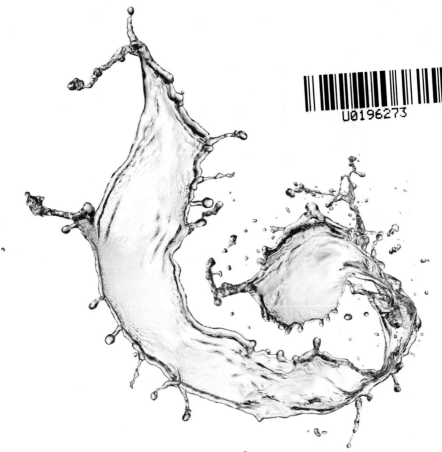

U0196273

Python

编程基础

第 2 版 | 微课版

Python Programming

张治斌　张良均　◉主编
张健　张敏　鲍小忠◉副主编

人民邮电出版社
北　京

图书在版编目（CIP）数据

Python编程基础：微课版 / 张治斌，张良均主编
. -- 2版. -- 北京：人民邮电出版社，2021.11
大数据技术精品系列教材
ISBN 978-7-115-57563-0

Ⅰ. ①P… Ⅱ. ①张… ②张… Ⅲ. ①软件工具－程序
设计－教材 Ⅳ. ①TP311.561

中国版本图书馆CIP数据核字(2021)第205595号

内 容 提 要

本书以任务为导向，全面介绍 Python 编程基础及其相关知识的应用，讲解如何利用 Python 的知识解决部分实际问题。全书共 9 章，第 1 章介绍学习 Python 的准备工作，包括 Python 的由来、Python 环境搭建、编辑器介绍与安装等。第 2～8 章主要介绍 Python 的基础知识、数据结构、程序流程控制语句、函数、面向对象编程、文件基础和常用的内置模块等内容。第 9 章介绍综合案例：学生测试程序设计。除第 9 章外，本书其余各章都包含了实训和课后习题，通过练习和操作实践，帮助读者巩固所学的内容。

本书可用于"1+X"证书制度试点工作中的大数据应用开发（Python）职业技能等级（初级）证书相关内容的教学和培训，也可作为高校大数据技术类专业课程的教材和大数据技术爱好者的自学用书。

◆ 主　　编　张治斌　张良均
　　副主编　张　健　张　敏　鲍小忠
　　责任编辑　初美呈
　　责任印制　王　郁　焦志炜
◆ 人民邮电出版社出版发行　　北京市丰台区成寿寺路 11 号
　　邮编　100164　　电子邮件　315@ptpress.com.cn
　　网址　https://www.ptpress.com.cn
　　北京天宇星印刷厂印刷
◆ 开本：787×1092　1/16
　　印张：15.25　　　　　　2021 年 11 月第 2 版
　　字数：347 千字　　　　2025 年 1 月北京第 12 次印刷

定价：49.80 元

读者服务热线：(010)81055256　印装质量热线：(010)81055316
反盗版热线：(010)81055315
广告经营许可证：京东市监广登字 20170147 号

大数据技术精品系列教材
专家委员会

肖　刚（韩山师范学院）　　　　　　吴阔华（江西理工大学）

邱炳城（广东理工学院）　　　　　　何小苑（广东水利电力职业技术学院）

余爱民（广东科学技术职业学院）　沈　洋（大连职业技术学院）

沈凤池（浙江商业职业技术学院）　宋眉眉（天津理工大学）

张　敏（广东泰迪智能科技股份有限公司）

张兴发（广州大学）

张尚佳（广东泰迪智能科技股份有限公司）

张治斌（北京信息职业技术学院）　张积林（福建理工大学）

张雅珍（陕西工商职业学院）　　　陈　永（江苏海事职业技术学院）

武春岭（重庆电子科技职业大学）　周胜安（广东行政职业学院）

赵　强（山东师范大学）　　　　　赵　静（广东机电职业技术学院）

胡支军（贵州大学）　　　　　　　胡国胜（上海电子信息职业技术学院）

施　兴（广东泰迪智能科技股份有限公司）

韩宝国（广东轻工职业技术大学）　曾文权（广东科学技术职业学院）

蒙　飚（柳州职业技术大学）　　　谭　旭（深圳信息职业技术学院）

谭　忠（厦门大学）　　　　　　　薛　云（华南师范大学）

薛　毅（北京工业大学）

序 FOREWORD

随着大数据时代的到来，电子商务、云计算、互联网金融、物联网、虚拟现实、人工智能等不断渗透并重塑传统产业，大数据当之无愧地成为新的产业革命核心，产业的迅速发展使教育系统面临着新的要求与考验。

职业院校作为人才培养的重要载体，肩负着为社会培育人才的重要使命。职业院校做好大数据人才的培养工作，对职业教育向类型教育发展具有重要的意义。2016 年，中华人民共和国教育部（以下简称"教育部"）批准职业院校设立大数据技术与应用专业，各职业院校随即做出反应，目前已经有超过 600 所学校开设了大数据相关专业。2019 年 1 月 24 日，中华人民共和国国务院印发《国家职业教育改革实施方案》，明确提出"经过 5～10 年左右时间，职业教育基本完成由政府举办为主向政府统筹管理、社会多元办学的格局转变"。从 2019 年开始，教育部等四部门在职业院校、应用型本科高校启动"学历证书+若干职业技能等级证书"制度试点（以下称"1+X"证书制度试点）工作。希望通过试点，深化教师、教材、教法"三教"改革，加快推进职业教育国家"学分银行"和资历框架建设，探索实现书证融通。

为响应"1+X"证书制度试点工作，广东泰迪智能科技股份有限公司联合业内知名企业及高校相关专家，共同制定《大数据应用开发（Python）职业技能等级标准》，并于 2020 年 9 月正式获批。大数据应用开发（Python）职业技能等级证书是以 Python 技术为主线，结合企业大数据应用开发场景制定的人才培养等级评价标准。证书主要面向中等职业院校、高等职业院校和应用型本科院校的大数据、商务数据分析、信息统计、人工智能、软件工程和计算机科学等相关专业，涵盖企业大数据应用中各个环节的关键能力，如数据采集、数据处理、数据分析与挖掘、数据可视化、文本挖掘、深度学习等。

目前，大数据技术相关专业的高校教学体系配置过多地偏向理论教学，课程设置与企业实际应用契合度不高，学生很难把理论转化为实践应用技能。为此，广东泰迪智能科技股份有限公司联合业内相关专家针对大数据应用开发（Python）职业技能等级证书编写了相关配套教材，希望能有效解决大数据相关专业实践型教材紧缺的问题。

本系列教材的第一大特点是注重学生的实践能力培养，针对高校实践教学中的痛点，首次提出"鱼骨教学法"的概念，携手"泰迪杯"竞赛，以企业真实需求为导向，使学生能紧紧围绕企业实际应用需求来学习技能，将学生需掌握的理论知识通过企业案例的形式进行衔接，达到知行合一、以用促学的目的。这恰与大数据应用开发（Python）职业技能等级证书中对人才的考核要求完全契合，可达到书证融通、赛证融通的目的。第二大特点是以大数据技术应用为核心，紧紧围绕大数据应用闭环的流程进行教学。本系列教材涵盖了企业大数据应用中的各个环节，符合企业大数据应用的真实场景，使学生从宏观上理解大数据技术在企业中的具体应用场景和应用方法。

在深化教师、教材、教法"三教"改革和课证融通、赛证融通的人才培养实践过程中，本系列教材将根据读者的反馈意见和建议及时改进、完善，努力成为大数据时代的新型"编写、使用、反馈"螺旋式上升的系列教材建设样板。

全国工业和信息化职业教育教学指导委员会委员

计算机类专业教学指导委员会副主任委员

"泰迪杯"数据分析职业技能大赛组委会副主任

2020 年 11 月于粤港澳大湾区

前 言 PREFACE

随着云时代的来临，Python 语言越来越被程序开发人员所喜欢，并被广泛使用，因为其不仅简单易学，而且还有丰富的第三方程序库和完善的管理工具。从命令行脚本程序到 GUI 程序，从图形技术到科学计算，从软件开发到自动化测试，从云计算到虚拟化，都有 Python 的身影。Python 已经深入程序开发的各个领域，并且会被越来越多的人学习和使用。Python 同时具有面向对象和函数式编程的特点，它的面向对象比 Java 更彻底，它的函数式编程比 Scala 更人性化。作为一种通用语言，Python 几乎可以用在任何领域和场合。其在软件质量控制、开发效率、可移植性、组件集成、丰富的库支持等方面均处于领先地位。Python 作为大数据时代的核心编程基础技术之一，必将成为高校大数据相关专业的重要课程之一。

第 2 版与第 1 版的区别

结合近几年 Python 的发展情况和广大读者的意见反馈，本书在保留第 1 版特色的基础上，进行了全面的升级。第 2 版修订的主要内容如下。

● 将 Python 版本由 Python 3.6.0 升级为 Python 3.8.5；将 PyCharm 版本由 PyCharm 2017.1.1 升级为 PyCharm 2021.1。
● 在每章中新增了思维导图。
● 第 1 章新增了 PyCharm 界面的介绍。
● 第 4 章新增了异常的介绍。
● 新增了"第 8 章 Python 常用的内置模块"。
● 新增了"第 9 章 综合案例：学生测试程序设计"。
● 更新了全书的实训和课后习题。

本书特色

本书全面贯彻二十大报告精神，坚守为党育人、为国育才，以社会主义核心价值观为指引，尊重职业教育人才培养时代性、规律性、创造性，教材内容契合"1+X"证书制度试点工作中的大数据应用开发（Python）职业技能等级（初级）证书考核标准，全书以任务为导向，深入浅出地介绍 Python 开发环境搭建、Python 基础知识、Python 数据结构、程序流程控制语句、函数、面向对象编程、文件基础、Python 常用的内置模块等内容，并基于已介绍的基础知识实现综合案例。除第 1 章、第 9 章外，其余各章的内容均由任务描述、任务分析、任务实现、小结、实训和课后习题等部分组成。

全书按照解决实际任务的工作流程，逐步展开介绍相关的理论知识点，推导生成可行的解决方案，最后落实在任务实现环节。全书大部分章节紧扣任务需求展开，不堆积知识点，着重于解决思路的启发与解决方案的实施。通过从任务需求到任务实现这一完整工作流程的体验，读者将真正理解并掌握 Python 编程技术。

本书适用对象

- 开设有大数据相关课程的高校的教师和学生。
- 数据分析开发人员。
- 进行数据分析应用研究的科研人员。
- "1+X"证书制度试点工作中的"大数据应用开发（Python）职业技能等级（初级）证书"考生。

代码下载及问题反馈

为了帮助读者更好地使用本书，本书配有原始数据文件和程序代码，以及 PPT 课件、教学大纲、教学进度表和教案等教学资源，读者可以从泰迪云教材网站免费下载，也可登录人民邮电出版社教育社区（www.ryjiaoyu.com）下载。同时欢迎教师加入 QQ交流群"人邮大数据教师服务群"（669819871）进行交流探讨。

由于编者水平有限，书中难免出现一些疏漏和不足之处。如果读者有宝贵的意见，欢迎在泰迪学社微信公众号（TipDataMining）回复"图书反馈"进行反馈。更多关于本系列图书的信息可以在泰迪云教材网站查阅。

编　者
2022 年 11 月

泰迪云教材

目录 CONTENTS

Python 编程基础（第 2 版）（微课版）

第 1 章 准备工作

在我国加快建设制造强国、质量强国、航天强国、交通强国、网络强国、数字中国进程中，在各行各业所涉人工智能、大数据技术、工业互联网软件开发、数字孪生、云计算、物联网等相关技术领域，Python 语言都有着不俗的表现。Python 还拥有自由开放的社区环境、丰富的第三方库、各种 Web 框架、爬虫框架、数据分析框架和机器学习框架。本章首先从 Python 的起源和特性开始介绍，其次介绍如何获取与安装 Python，以及讲解 Python 环境的搭建和编辑器的安装，最后编写并运行程序。

学习目标

（1）初识 Python，并了解 Python 的起源和特性。

（2）掌握 Python 基本环境的安装方法及环境变量的配置方法。

（3）了解常用的 Python IDE。

（4）掌握 Python 集成开发环境 PyCharm 的安装方法及基本配置。

（5）创建一个应声虫程序。

思维导图

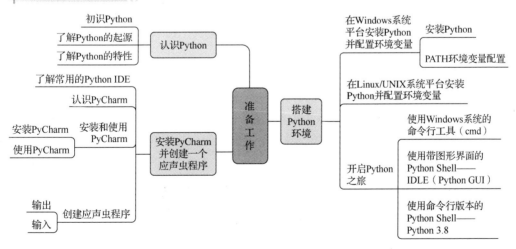

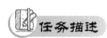 认识 Python

1.1 认识 Python

任务描述

Python 具有强大的科学及工程计算能力，它不仅具有以矩阵计算为基础的强大数学计算能力和分析功能，而且具有丰富的可视化表现功能和简洁的程序设计能力。了解 Python 的起源及其特性是学习 Python 的第一步。

任务分析

（1）认识 Python 是什么。

（2）了解 Python 的起源。

（3）了解 Python 的 9 个特性。

1.1.1 初识 Python

Python 是一种结合了解释性、编译性、互动性和面向对象的高层次计算机程序语言，也是一种功能强大而完善的通用型语言，已经具有三十几年的发展历史，成熟且稳定。Python 具有非常简洁而清晰的语法特点，因为它的设计指导思想是：对于一个特定的问题，应该用最好的方法来解决。

Python 具备垃圾回收功能，能够自动管理内存，常被当作脚本语言用于处理系统管理任务和编写网络程序。同时，Python 支持命令式程序设计、面向对象程序设计、函数式编程、泛型编程等多种编程范式，也非常适合用于完成各种高级任务。

1.1.2 了解 Python 的起源

Python 的创始人是吉多·范罗苏姆（Guido van Rossum）。1989 年圣诞节期间，Guido 为了打发圣诞节的无趣时光，开发了这个新的脚本解释程序。Python 这个名字不是源于蟒蛇，而是源于一部名为《蒙堤·派森的飞行马戏团（Monty Python's Flying Circus）》的喜剧，Guido 是这部喜剧的爱好者。

Python 继承了 ABC 语言的特点，Guido 认为，ABC 这种语言非常优美和强大，是专门为非专业程序员设计的。但是 ABC 语言并没有取得成功，Guido 认为其失败的原因是该语言不是开源性语言。于是，Guido 决心将 Python 开源来避免这种情况，并获取了非常好的效果。同时，Guido 还想实现在 ABC 语言中提出过但未曾实现的东西，所以 Python 是在 ABC 语言的基础上发展起来的，因其受到了 Modula-3（另一种相当优美且强大的语言，为一个小型团体所设计）的影响，并且结合了 UNIX Shell 和 C 语言用户的习惯，故一跃成为众多 UNIX 和 Linux 开发人员所青睐的开发语言。

1.1.3 了解 Python 的特性

Python 能广泛应用于多种编程领域，无论是对初学者，还是对在科学计算领域具有一定经验的工作者，它都极具吸引力。其关键特性如下所述。

（1）**简单**。Python 的关键字相对较少，结构简单。

（2）**易学**。Python 有极其简单的语法，学习起来较容易。

（3）**免费、开源**。Python 程序是自由/开源软件（Free/Libre and Open Source Software，FLOSS）。简单地说，用户可以自由地发布这个软件的副本，查看和更改其源代码，并在新的免费程序中使用它。

（4）**广泛的标准库**。Python 最大的优势之一是具有丰富的库，支持许多常见的编程任务，如连接到 Web 服务器、使用正则表达式搜索文本、读取和修改文件等。

（5）**互动模式**。用户可以从终端输入执行代码并获得结果，可以互动地测试和调试代码。

（6）**可移植**。由于其开源的本质，Python 已经被移植到许多平台上（经过改动，可以使它工作在不同平台上）。

（7）**可扩展**。用 C 语言或 C++语言，以及其他语言编写的关键代码或算法，可以在 Python 程序中调用。

（8）**可嵌入**。Python 可以嵌入 C/C++程序中，为程序用户提供"脚本"功能。

任务 1.2　搭建 Python 环境

任务描述

用户可根据自己计算机的系统，从 Python 官网下载对应的 Python 3.8.5，成功安装后配置环境变量。在 Windows 系统"命令提示符"窗口中输入"python"命令，能得到图 1-1 所示的结果；在 Linux/UNIX 系统终端输入"python3.8"命令，能得到图 1-2 所示的结果。

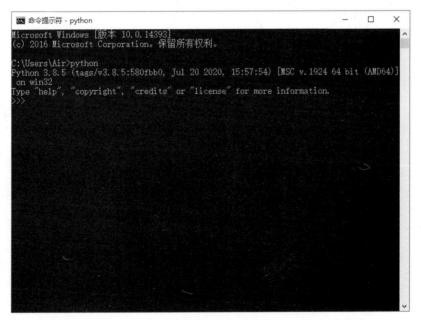

图 1-1　在 Windows"命令提示符"窗口输入"Python"命令

Python 编程基础（第 2 版）（微课版）

```
python@localhost:/home/python/Downloads/python3      _  □  ×

File  Edit  View  Search  Terminal  Help
[root@localhost python3]# python3.8
Python 3.8.5 (default, May 13 2021, 23:36:39)
[GCC 4.8.5 20150623 (Red Hat 4.8.5-44)] on linux
Type "help", "copyright", "credits" or "license" for more information.
>>>
```

图 1-2　在 Linux/UNIX 终端中打开 Python

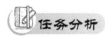任务分析

　　Python 是自由/开源软件，Python 的所有开发环境基本都可以从网络上免费下载。目前 Python 有两种主流版本，一种是 2.*x* 版，另一种是 3.*x* 版，这两种版本是不兼容的。下载和安装 Python 3.8.5 可以按以下步骤进行。

　　（1）根据自己计算机的系统，在 Python 官网中下载 Python 3.8.5。

　　（2）按操作步骤安装 Python 3.8.5。

　　（3）配置环境变量。

　　（4）检查 Python 3.8.5 是否安装成功。

1.2.1　在 Windows 系统平台安装 Python 并配置环境变量

1. 安装 Python

在 Windows 系统平台安装 Python 的具体操作步骤如下。

　　（1）打开浏览器，访问 Python 官网，如图 1-3 所示。

　　（2）选择"Downloads"菜单下的"Windows"命令，如图 1-4 所示。

　　（3）找到 Python 3.8.5 的安装包，如果 Windows 系统版本是 32 位

1.2.1　在 Windows 系统平台安装 Python 与配置环境变量

的，那么单击"Windows x86 executable installer"超链接，然后下载；如果 Windows 系统版本是 64 位的，那么单击"Windows x86-64 executable installer"超链接，然后下载，如图 1-5 所示。

图 1-3　Python 官网

4

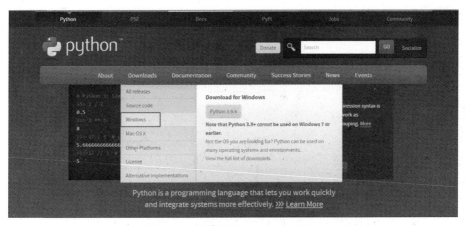

图 1-4 选择"Windows"命令

图 1-5 下载安装包

（4）下载完成后，双击运行所下载的文件，打开 Python 安装向导窗口，如图 1-6 所示，勾选"Add Python 3.8 to PATH"复选框，然后单击"Customize installation"按钮。

图 1-6 安装向导窗口

Python 编程基础（第 2 版）（微课版）

（5）在弹出的界面中保持默认选择，单击"Next"按钮，如图 1-7 所示，进入图 1-8 所示界面，在该界面中可以修改安装路径，修改完成后单击"Install"按钮进行安装。

图 1-7　单击"Next"按钮

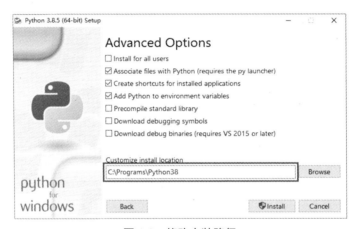

图 1-8　修改安装路径

（6）安装完成之后，会弹出安装成功的提示界面，如图 1-9 所示。

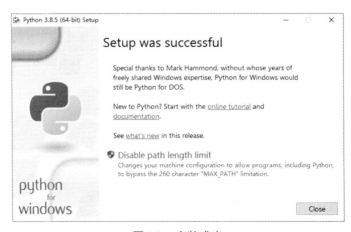

图 1-9　安装成功

6

2．PATH 环境变量配置

打开"命令提示符"窗口（操作方法详见 1.2.3 小节），输入"python"命令，会出现以下两种情况。

情况一：出现图 1-1 所示的界面，说明 Python 已经安装成功。

情况二：出现图 1-10 所示的界面。这是因为 Windows 系统会根据 PATH 环境变量设定的路径去查找 python.exe，如果没有找到，那么会报错。

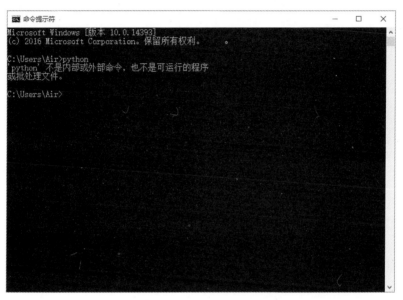

图 1-10　找不到 Python

如果出现情况二，那么需要将 python.exe 所在的路径添加到 PATH 环境变量中，以 Windows 10 为例，具体步骤如下。

（1）右击"此电脑"图标，在弹出的快捷菜单中选择"属性"命令，如图 1-11 所示。

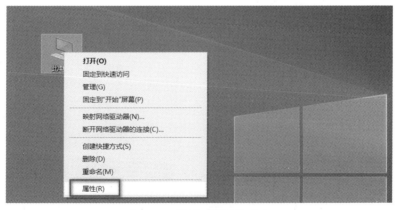

图 1-11　选择"属性"命令

（2）在打开的窗口中选择"高级系统设置"选项，如图 1-12 所示。

图 1-12　选择"高级系统设置"选项

（3）在弹出的"系统属性"对话框中单击"环境变量"按钮，如图 1-13 所示。

图 1-13　单击"环境变量"按钮

（4）在弹出的"环境变量"对话框中找到"系统变量"列表框中的"Path"选项，如图 1-14 所示。

图 1-14　找到"Path"选项

（5）双击"Path"选项，在弹出的"编辑环境变量"对话框中可编辑变量值，在"变量值"文本框中添加 Python 的安装路径。例如，安装路径为"C:\Program Files\Python38"，则添加的变量值为"C:\Program Files\Python38"，如图 1-15 所示。

图 1-15　添加路径

（6）单击"确定"按钮。打开"命令提示符"窗口，输入"python"命令，出现图 1-1 所示的界面，说明已经配置好 Python 的 PATH 环境变量。

1.2.2 在 Linux/UNIX 系统平台安装 Python 与配置环境变量

1.2.2　在 Linux/UNIX 系统平台安装 Python 并配置环境变量

大多数 Linux 系统发行版，如 CentOS、Debian、Ubuntu 等，都自带了 Python 2.x 版本的主程序。目前，Ubuntu 已经自带 Python 3.x 版本的主程序，对于没有安装 Python 3.x 版本的系统，用户可自行安装。

以 CentOS 7 为例，安装 Python 3.8.5 的步骤如下。

（1）打开浏览器，访问 Python 官网，单击"Downloads"标签，然后单击"Linux/UNIX"超链接，如图 1-16 所示。

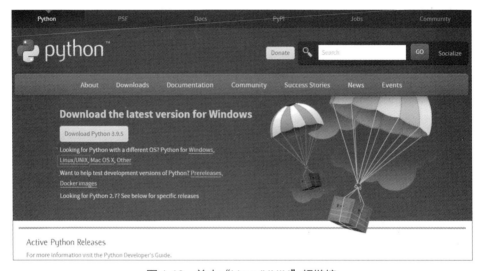

图 1-16　单击"Linux/UNIX"超链接

（2）找到 Python 3.8.5 的安装包，单击"Gzipped source tarball"超链接，如图 1-17 所示，开始下载安装包。

图 1-17　下载安装包

（3）在安装 Python 之前，要确保系统中已经有了所有必要的开发依赖。打开终端（Terminal），输入"su root"命令并执行，然后输入密码（在 Linux 系统中输入密码时密码不显示）切换至 root 用户，如图 1-18 所示，最后执行命令 1-1 即可安装必要的开发依赖。

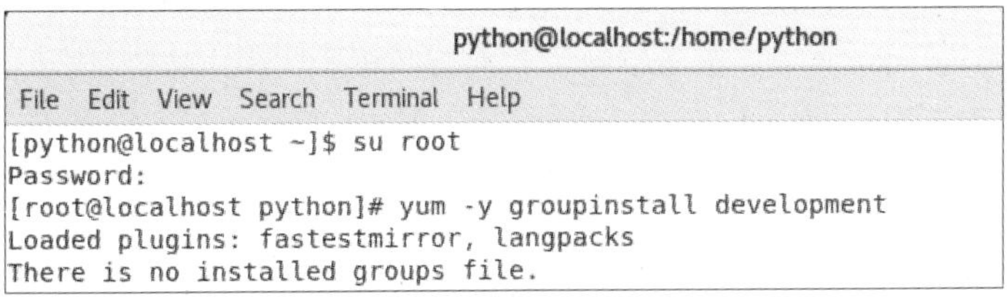

```
                    python@localhost:/home/python
 File  Edit  View  Search  Terminal  Help
[python@localhost ~]$ su root
Password:
[root@localhost python]# yum -y groupinstall development
Loaded plugins: fastestmirror, langpacks
There is no installed groups file.
```

图 1-18　切换至 root 用户

命令 1-1　安装必要的开发依赖

```
yum -y groupinstall development
yum -y install zlib-devel
```

（4）解压下载好的"Python-3.8.5.tgz"文件，在终端进入解压后的 Python-3.8.5 目录，如图 1-19 所示。

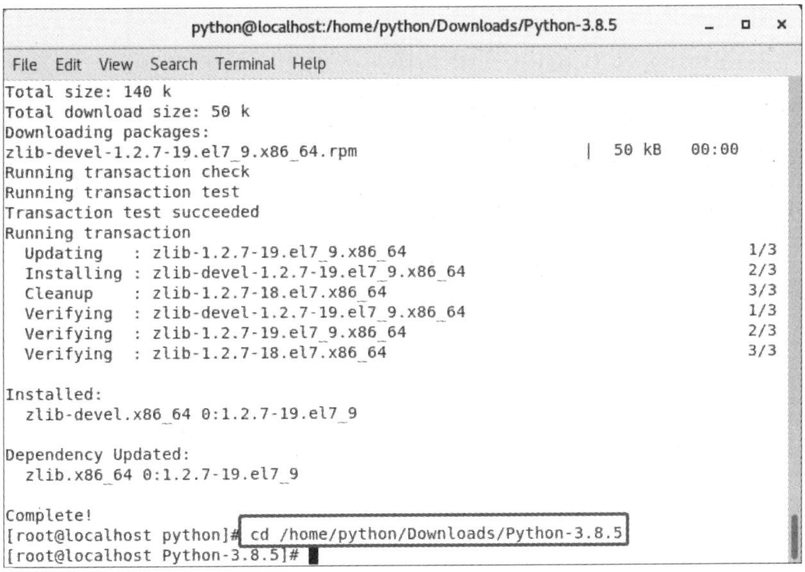

```
              python@localhost:/home/python/Downloads/Python-3.8.5      _  □  ×
 File  Edit  View  Search  Terminal  Help
Total size: 140 k
Total download size: 50 k
Downloading packages:
zlib-devel-1.2.7-19.el7_9.x86_64.rpm                    |  50 kB   00:00
Running transaction check
Running transaction test
Transaction test succeeded
Running transaction
  Updating   : zlib-1.2.7-19.el7_9.x86_64                          1/3
  Installing : zlib-devel-1.2.7-19.el7_9.x86_64                    2/3
  Cleanup    : zlib-1.2.7-18.el7.x86_64                            3/3
  Verifying  : zlib-devel-1.2.7-19.el7_9.x86_64                    1/3
  Verifying  : zlib-1.2.7-19.el7_9.x86_64                          2/3
  Verifying  : zlib-1.2.7-18.el7.x86_64                            3/3

Installed:
  zlib-devel.x86_64 0:1.2.7-19.el7_9

Dependency Updated:
  zlib.x86_64 0:1.2.7-19.el7_9

Complete!
[root@localhost python]# cd /home/python/Downloads/Python-3.8.5
[root@localhost Python-3.8.5]#
```

图 1-19　解压下载好的"Python-3.8.5.tgz"文件

（5）自定义安装路径后进行安装，例如要安装到"/home/python/Downloads/python3"路径下，可执行命令 1-2。

命令 1-2　安装到所需路径下

```
./configure --prefix=/home/python/Downloads/python3
make && make install
```

其中，"--prefix"选项用于配置安装路径。如果不配置该选项，那么安装后可执行文件

默认放在 "/usr/local/bin"，库文件默认放在 "/usr/local"，配置文件默认放在 "/usr/local/etc"，其他资源文件放在 "/usr/local"，这样会比较凌乱。如果配置了 "--prefix" 选项，那么可以把所有资源文件都放在自定义的安装路径下。

"./configure" 命令执行完毕之后，会创建一个文件 "creating Makefile"，供 "make" 命令使用，执行 "make install" 命令之后就会把程序安装到指定的路径中去。

（6）安装成功之后，进入自定义安装路径，执行 "ln -s -f /home/python/Downloads/python3/bin/python3.8 /usr/bin/python3.8" 命令，创建软连接，如图 1-20 所示。

```
[root@localhost Python-3.8.5]# cd /home/python/Downloads/python3
[root@localhost python3]# ln -s -f /home/python/Downloads/python3/bin/python3.8
/usr/bin/python3.8
[root@localhost python3]# python3.8 -v
```

图 1-20　创建软连接

（7）执行 "python3.8 -v" 命令，查看 Python 3.8.5 是否安装成功。此外，还可以执行 "python3.8" 命令，如果出现图 1-2 所示的界面，那么说明 Python 3.8.5 安装成功。

1.2.3　开启 Python 之旅

成功安装 Python 之后，即可正式开始 Python 之旅。Python 的打开方式有 3 种：使用 Windows 系统的命令行工具（cmd）、使用带图形界面的 Python Shell——IDLE、使用命令行版本的 Python Shell——Python 3.8。下面简单介绍这 3 种方式的具体操作。

1. 使用 Windows 系统的命令行工具（cmd）

cmd 即命令提示符，"命令提示符"窗口是 Windows 环境下的虚拟 DOS 窗口。在 Windows 系统下，打开"命令提示符"窗口有 3 种方法。

（1）按 "Win+R" 组合键，其中 "Win" 键是键盘上的开始菜单键，如图 1-21 所示，在弹出的"运行"对话框的"打开"文本框中输入 "cmd"，如图 1-22 所示，单击"确定"按钮，即可打开"命令提示符"窗口。

图 1-21　"Win" 键

图 1-22　输入 "cmd"

（2）在"所有程序"列表中搜索 "cmd"，如图 1-23 所示。选择"命令提示符"选项或按 "Enter" 键即可打开"命令提示符"窗口。

（3）在 "C:\Windows\System32" 路径下找到 "cmd.exe"，如图 1-24 所示，双击即可打开"命令提示符"窗口。

图 1-23　搜索界面

图 1-24　双击"cmd.exe"

打开"命令提示符"窗口后，输入"python"命令，按"Enter"键，如果出现">>>"符号，那么说明已经进入 Python 交互式编程环境，如图 1-25 所示。此时输入"exit()"命令即可退出。

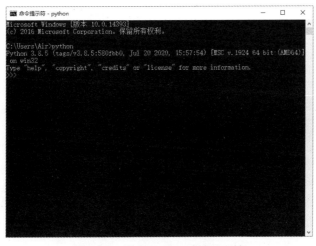

图 1-25　Python 交互式编程环境

13

2. 使用带图形界面的 Python Shell——IDLE（Python GUI）

IDLE 是开发 Python 程序的基本集成开发环境，由 Guido 亲自编写（至少最初的绝大部分由其编写）。IDLE 适合用来测试和演示一些简单代码的执行效果。

在 Windows 系统下安装好 Python 后，可以在 "开始" 菜单中找到 IDLE，选择 "IDLE (Python 3.8 64-bit)" 选项，如图 1-26 所示，即可打开环境界面，如图 1-27 所示。

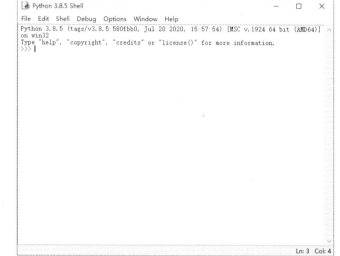

图 1-26　选择 "IDLE" 选项　　　　　　　　　　图 1-27　IDLE 界面

3. 使用命令行版本的 Python Shell——Python 3.8

命令行版本的 Python Shell——Python 3.8 的打开方法和 IDLE 的打开方法是一样的。在 Windows 系统下的 "开始" 菜单中选择 "Python 3.8(64-bit)"（命令行版本的 Python Shell）选项，如图 1-28 所示，即可打开环境界面，如图 1-29 所示。

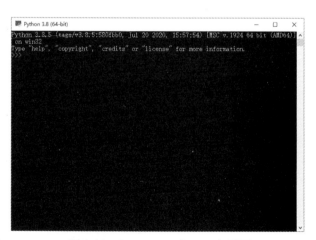

图 1-28　选择 "Python 3.8（64-bit）" 选项　　　　图 1-29　Python 3.8（64-bit）界面

任务 **1.3** 安装 PyCharm 并创建一个应声虫程序

任务描述

在 Windows 系统下安装 PyCharm，创建一个名为"python"的项目，在此项目下新建一个名为"study.py"的文件。在 study.py 文件里用 4 种方式输出"hello world"。

任务分析

（1）在 Windows 系统下安装 PyCharm。

（2）设置控制台，新建一个项目，在该项目下新建一个文件并命名。

（3）采用 Print 语句输出"hello world"。

（4）直接将"hello world"赋值给变量 character，然后运行 character 即可，输出"hello world"。

（5）采用输入函数 input 输入"hello world"，并赋值给 character 变量，输出 character 变量。

（6）采用输入函数 input 分别输入"hello""world"，并分别赋值给 x 变量和 y 变量，输出 x+y。

1.3.1 了解常用的 Python IDE

集成开发环境（Integrated Development Environment，IDE）是一种辅助程序开发人员进行开发的应用软件，在开发工具内部即可辅助编写代码，并编译打包，使之成为可用的程序，有些甚至可以设计图形接口。IDE 是集代码编写功能、分析功能、编译功能、调试功能等于一体的开发软件服务套（组），通常包括编程语言编辑器、自动构建工具和调试器。

在 Python 的应用过程中少不了 IDE，这些工具可以帮助开发人员加快开发速度，提高开发效率。在 Python 中常见的 IDE 有 Python 自带的 IDLE、PyCharm、Jupyter Notebook、Spyder 等，简单介绍如下。

（1）IDLE。IDLE 完全用 Python 编写，并使用 Tkinter UI 工具集。尽管 IDLE 不适用于大型项目的开发，但它对小型的 Python 程序和 Python 不同特性的实验非常有帮助。

（2）PyCharm。PyCharm 由 JetBrains 公司开发。此公司还以 IntelliJ IDEA 闻名。PyCharm 和 IntelliJ IDEA 共享着相同的基础代码，PyCharm 中的大多数特性都能通过免费的 Python 插件带入 IntelliJ 中。本书将会着重介绍 PyCharm。

（3）Jupyter Notebook。Jupyter Notebook 是网页版的 Python 编写交互模式，其使用过程类似于在纸上写字，可轻松擦除先前写的代码，并且可以将编写的代码进行保存，可用来做笔记和编写简单代码，相当方便。

（4）Spyder。Spyder 是专门面向科学计算的 Python 交互开发环境，集成了 pyflakes、pylint 和 rope 等。Spyder 是开源的（免费的），它提供了代码补全、语法高亮、类和函数浏览器，以及对象检查等功能。

1.3.2　认识 PyCharm

PyCharm 是 JetBrains 公司打造的一款 Python IDE，带有一整套可以帮助 Python 开发人员提高工作效率的功能，包括调试、语法高亮、Project 管理、代码跳转、智能提示、自动完成、单元测试及版本控制等。

PyCharm 还提供了一些高级功能，用于支持 Django 框架下的专业 Web 开发，同时支持 Google App Engine 和 IronPython。这些功能在先进代码分析程序的支持下，使 PyCharm 成为 Python 专业开发人员和初学者的有力工具。

1.3.3　安装和使用 PyCharm

1.3　安装 PyCharm 并创建一个应声虫程序

1. 安装 PyCharm

PyCharm 可以跨平台使用，分为社区版和专业版。其中社区版是免费的，专业版是付费的。对于初学者来说，两者差距不大。在使用 PyCharm 之前需安装，具体安装步骤如下。

（1）打开 PyCharm 官网，如图 1-30 所示，单击"DOWNLOAD"按钮。

图 1-30　PyCharm 官网

（2）选择 Windows 系统的社区版，单击"Download"按钮即可进行下载，如图 1-31 所示。

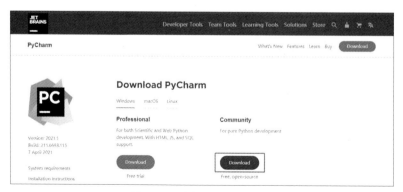

图 1-31　选择社区版并下载

（3）下载完成后，双击安装包打开安装向导，如图 1-32 所示，单击"Next"按钮。

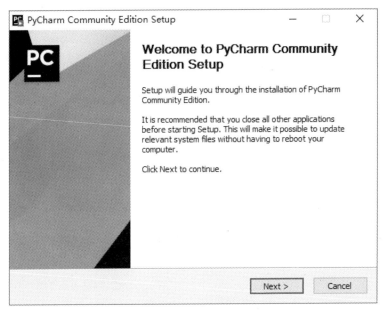

图 1-32　安装向导

（4）在进入的界面中自定义软件安装路径，建议不要使用中文字符，如图 1-33 所示，单击"Next"按钮。

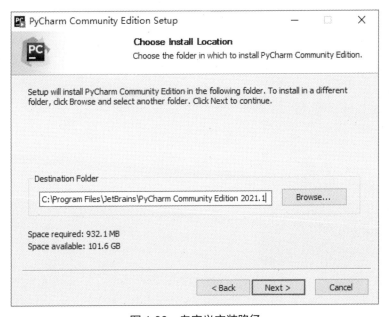

图 1-33　自定义安装路径

（5）在进入的界面中根据自己计算机的系统选择位数，创建桌面快捷方式并关联.py 文件，如图 1-34 所示，单击"Next"按钮。

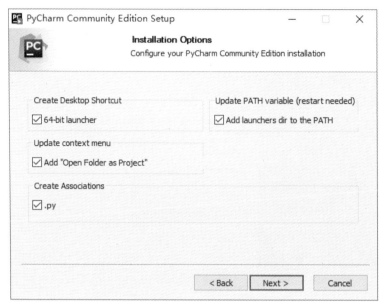

图 1-34　选择系统位数并关联.py 文件

（6）在进入的界面中单击"Install"按钮默认安装。安装完成后单击"Finish"按钮，如图 1-35 所示。

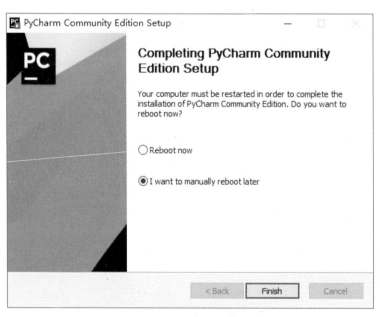

图 1-35　单击"Finish"按钮

（7）双击桌面上的快捷方式，在弹出的"Import PyCharm Settings"对话框中选择"Do not import settings"单选项，如图 1-36 所示，单击"OK"按钮。

（8）在弹出的"Data Sharing"对话框中单击"Don't Send"按钮，如图 1-37 所示。

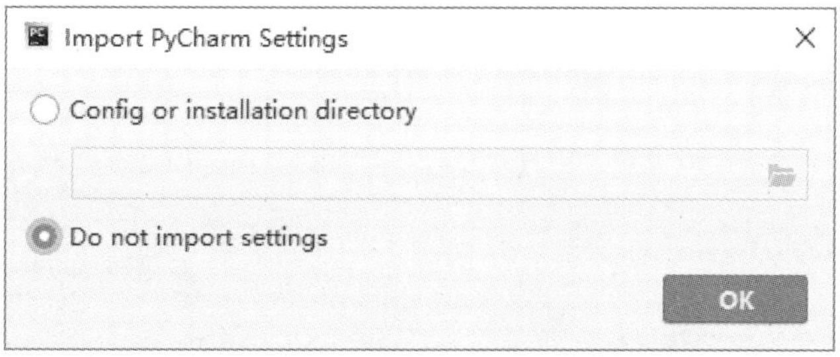

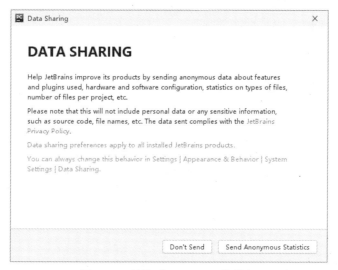

图 1-36　选择"Do not import settings"单选项

图 1-37　单击"Don't Send"按钮

（9）重启应用后，将会弹出图 1-38 所示的窗口，单击"New Project"图标创建新项目。

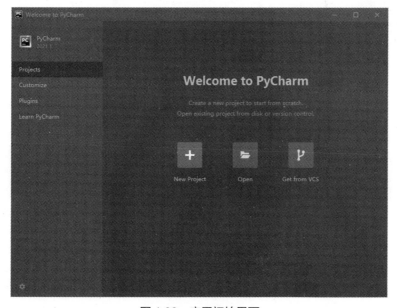

图 1-38　应用初始界面

（10）在打开的"Add Python Interpreter"窗口中自定义项目存储路径，如图 1-39 所示，IDE 默认关联 Python 解释器，单击"OK"按钮。

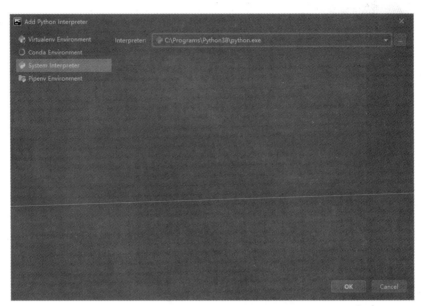

图 1-39 自定义项目存储路径

（11）此时弹出提示信息，选择在启动时不显示提示（勾选"Don't show tips"复选框），单击"Close"按钮。这样就进入了 PyCharm 界面，如图 1-40 所示。

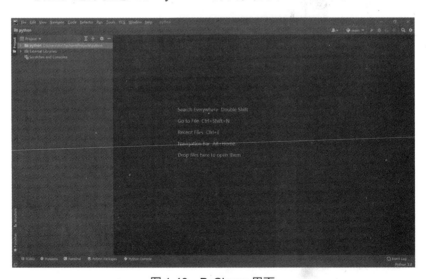

图 1-40 PyCharm 界面

（12）更换 PyCharm 的主题。单击"Files"菜单下的"Settings"命令，如图 1-41 所示。在弹出的"Settings"对话框中，依次选择"Appearance & Behavior"→"Appearance"选项，在"Theme"下拉列表中选择自己喜欢的主题，这里选用"Windows 10 Light"，如图 1-42 所示。

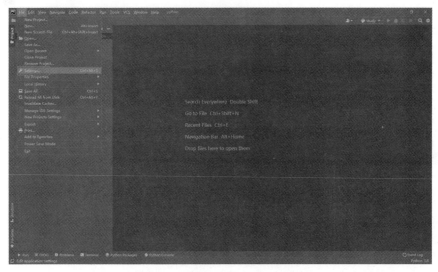

图 1-41 单击"Settings"命令

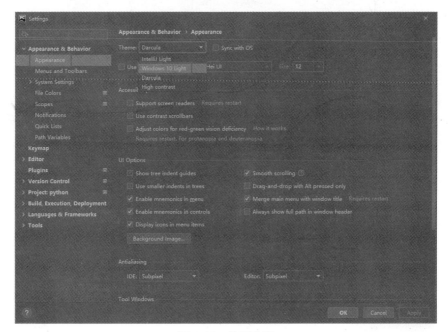

图 1-42 选择主题

2. 使用 PyCharm

（1）新建好项目（此处项目名为 python）后，还要新建一个.py 文件。右击项目名"python"，在弹出的快捷菜单中选择"New"→"Python File"命令，如图 1-43 所示。

（2）在弹出的对话框中输入文件名"study"即可新建 study.py 文件，如图 1-44 所示。按"Enter"键即可打开此脚本文件，如图 1-45 所示。如果是首次安装 PyCharm，那么此时的运行按钮是灰色的，处于不可触发的状态，要运行脚本需要设置控制台。

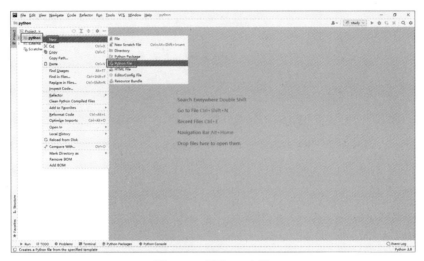

图 1-43　新建.py 文件

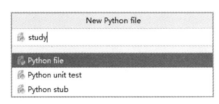

图 1-44　输入文件名

图 1-45　打开脚本文件

（3）单击运行按钮左边的下拉按钮，如图 1-46 所示，选择进入 "Run/Debug Configurations" 对话框，单击加号按钮，新建一个 Python 配置项，如图 1-47 所示。

图 1-46　单击下拉按钮

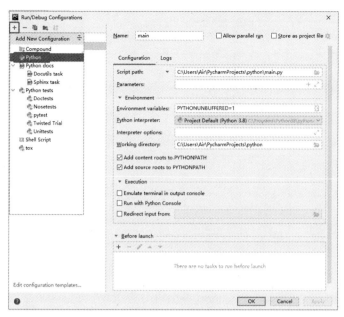

图 1-47 新建配置项

（4）在右侧窗格中的"Name"文本框中输入文件名称，单击"Script path"选项右侧的"浏览"按钮，找到刚刚新建的 study.py 文件，如图 1-48 所示。单击"OK"按钮之后，运行按钮就会变成绿色，此时就可以正常编程了。

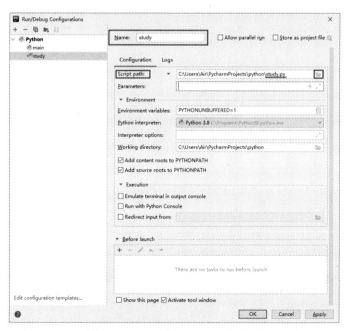

图 1-48 设置"Script path"选项

PyCharm 是可用于编写代码的 IDE 工具，为了方便读者编写或修改代码，本书的代码均使用 PyCharm 进行编写和测试。PyCharm 的界面如图 1-49 所示。

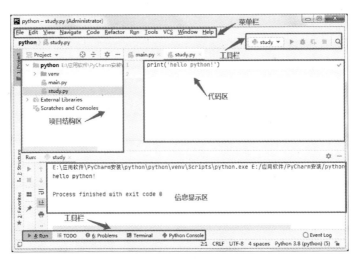

图 1-49　PyCharm 界面展示

由图 1-49 所示的标注可知，PyCharm 界面可分为菜单栏、工具栏、项目结构区、代码区和信息显示区。各个区域的工作范围介绍如下。

（1）菜单栏：包含影响整个项目或部分项目的命令，如打开项目、创建项目、重构代码、运行和调试应用程序、保存文件等。

（2）项目结构区：已经创建完成的项目或文件的展示区域。

（3）代码区：编写代码的区域。

（4）信息显示区：查看程序输出信息的区域。

（5）工具栏：放置快捷命令，下方工具栏包含终端、Python 交互式等功能。

除了可以在 PyCharm 中的代码区域编辑代码之外，还可以通过工具栏中的"Python Console"（Python 交互式模式）直接输入代码，然后执行，并且立刻得到结果。交互式模式主要有两种，一种是通过 In 输入，Out 输出；另一种是通过">>>"的形式输入，直接显示输出结果。交互式模式默认为 In、Out 的形式，本书主要以">>>"形式编写代码，如图 1-50所示。读者可以通过单击"File"→"Settings"→"Build,Execution,Deployment"→"Console"命令，取消勾选"Use IPython if available"复选框，将默认形式修改为">>>"形式。在本书中，"任务分析"部分示例的代码使用交互式模式进行编写，"任务实现"和"综合案例"部分的代码使用代码区域进行编写。

图 1-50　Python 交互式模式

1.3.4　创建应声虫程序

Python 和 PyCharm 安装完成后，即可开始编写本书的第一个程序——应声虫程序。Python 和其他高级语言一样，程序的基本构架都会有输出和输入部分。下面简单介绍 Python 的输出和输入。

1．输出

在 Python 中，实现数据输出的方式有两种：一种是使用 print 函数；另一种是直接使用变量名来查看相应变量的原始值。

（1）print 函数

print 函数是可以输出数据的操作，其语法结构如下。

```
print( < expressions >)
```

print 函数语法结构里的"expressions"单词为复数，其含义是表达式可以是多个。

Python 在执行 print 函数时，先计算 print 函数表达式的值，再将表达式的值输出。

如果有多个< expression >，那么表达式之间用逗号隔开，语法格式如下。

```
print( < expression >,< expression >,...,< expression >)
```

在新建的.py 文件中使用 print 语句输出，如代码 1-1 所示。

代码 1-1　print 函数输出

```
>>> print('hello world')
hello world
>>> print('hello', 'world')
hello world
```

由代码 1-1 可知，第 2 条 print 语句使用逗号连接两个字符串，在输出的时候，"hello"和"world"中间有空格。

（2）直接使用变量名查看相应变量的原始值

在交互式环境中，为了方便，可以直接使用变量名来查看变量的原始值，以达到输出的目的，如代码 1-2 所示。

代码 1-2　先赋值，再输出

```
>>> character = 'hello world'
>>> character
'hello world'
```

在代码 1-2 中，将"hello world"赋值给 character，然后直接输出 character，即可查看 character 的原始值。

直接在交互式环境中运行"hello world"语句，也可以实现输出，如代码 1-3 所示。

代码 1-3　直接输出

```
>>> 'hello world'
'hello world'
```

2．输入

在 Python 中可以通过 input 函数从键盘输入数据，input 函数的语法结构如下。

```
input(< prompt >)
```

input 函数的形参 prompt 是一个字符串，用于提示用户输入数据。input 函数的返回值是字符串型的，如代码 1-4 所示。

代码 1-4　input 函数输入

```
>>> character = input('input your character: ')
>>> print(character)
input your character:
```

在代码 1-4 中，第 1 行语句使用 input 函数提示用户输入数据。用户输入数据后，input 函数会把数据传递给等号左边的 character 变量来保存。第 2 行调用 print 函数输出 character 变量的值，所以执行第 2 行语句后会输出字符串 "input your character:"，以此作为新的提示符。输入 "hello world" 后按 "Enter" 键，即可出现图 1-51 所示的结果，程序完整地输出 "hello world"。

图 1-51　输出结果

若想依次输出 "first:" 和 "second:"，则可以用字符串拼接的方式，如代码 1-5 所示。

代码 1-5　字符串拼接

```
>>> x = input('first: ')
>>> y = input('second: ')
>>> print(x + y)
```

在执行第 3 行语句后，程序会依次输出 "first:" 和 "second:"，用户依次输入 "hello" 和 "world" 后按 "Enter" 键，即可出现图 1-52 所示的结果，程序完整地输出 "helloworld"。

图 1-52　执行结果

小结

本章介绍了 Python 的起源和 Python 的特性，同时介绍了 Python 环境的搭建过程，其中主要介绍了如何在 Windows、Linux 和 UNIX 系统平台上安装 Python，并配置其环境变量。此外，还介绍了常用的 Python 集成开发环境，包括 PyCharm 的安装和使用，并通过创建应声虫程序，介绍了 Python 的输出和输入。

实训　输入/输出

1. 训练要点

（1）掌握输出的多种方法。

（2）掌握输入的多种方法。

2. 需求说明

（1）在 PyCharm 中至少使用两种方式输出"My favorite programming language is Python"。

（2）使用 PyCharm 输入"My favorite programming language is"和"Python"，并且输出"My favorite programming language is Python"。

3. 实训思路及步骤

（1）打开 PyCharm，新建一个名为"Python"的项目。

（2）在"Python"项目下新建一个名为"training_output"的.py 文件，并在此文件里执行输出语句。

（3）在"Python"项目下新建一个名为"training_input"的.py 文件，并在此文件里执行输入/输出语句。

课后习题

1. 选择题

（1）Python 的打开方式不包括（　　　）。

    A. 在 cmd 中输入 Python

    B. 使用带图形界面的 Python Shell——IDLE

    C. 使用命令行版本的 Python Shell

    D. 使用 Python Module Docs

（2）Python IDE 的组成不包括（　　　）。

    A. 编程语言编辑器　　B. 代码仓库　　C. 自动构建工具　　　D. 调试器

（3）以下关于在 PyCharm 中创建.py 文件的操作正确的是（　　　）。

    A. File→New→File　　　　　　　　B. File→New Project

    C. File→New→Python File　　　　　D. File→Open

2. 操作题

（1）在 PyCharm 中至少使用两种方式输出"Nice to meet you Python"。

（2）在 PyCharm 中输入"Nice to meet you Python"，并输出"Nice to meet you Python"。

（3）编辑程序，实现可以从键盘输入一个整数和一个字符，并在屏幕上显示输出信息。

第 2 章 Python 基础知识

Python 是 C-like 语言的一种，同时又是一门解释型语言。Python 的设计原则是优雅、简单，所以 Python 与 C 语言有较多不同的语法规则。本章首先介绍 Python 的固定语法，然后比较全面地介绍 Python 基础变量的特点和使用方法，以及两种基础数据类型的操作、运算等。

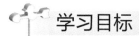 学习目标

（1）掌握 Python 的固定语法。
（2）了解 Python 的基础变量类型。
（3）掌握 Python 数值型变量的使用和常用操作。
（4）掌握 Python 字符型变量的使用和常用操作。
（5）掌握 Python 常用操作运算符的使用。

02 Python 基础
知识

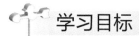 思维导图

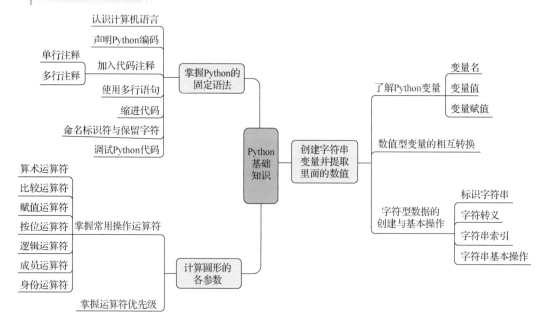

任务 2.1　掌握 Python 的固定语法

任务描述

Python 是一门简单而优雅的语言，在使用它之前，读者需要了解并掌握它的基础语法，这样有助于对代码的学习和运用，并有利于保持良好的编程习惯。读者需要认识计算机语言并学习 Python 的编程规则，掌握 Python 作为计算机语言的固定语法要求。

任务分析

通过以下步骤完成上述任务。

（1）认识计算机语言。

（2）掌握 Python 的编码、单行代码注释和多行代码注释的规则。

（3）掌握 Python 中使用多行语句的方法和缩进代码的格式。

（4）了解标识符与保留字符的命名。

（5）掌握调试 Python 代码的方法。

2.1.1　认识计算机语言

众所周知，人与人之间可以通过人类语言进行交流沟通，人与计算机可以通过计算机语言（将人类语言转化成为计算机能够理解的语言）进行交流。计算机语言的种类很多，总体可以分为三大类，分别是机器语言、汇编语言和高级语言。

机器语言是指计算机能够识别的指令集合，其指令由"0"和"1"组成。汇编语言在机器语言的基础上进行了改进，以英文单词代替 0 和 1。例如，"Add"代表相加，"Mov"代表传递数据等。汇编语言实际上就是机器语言的记号。高级语言并不特指某一种语言，它泛指很多编程语言，如 Python、C 语言、C++、Java 等。大多数编程者都会选择使用高级语言。相对于汇编语言，高级语言将许多相关的机器指令合成为单条指令，并且去掉了与具体操作有关但与完成工作无关的细节，如使用堆栈、寄存器等，极大地简化了程序中的指令。高级语言源程序可以通过解释和编译两种方式执行，一般使用后一种方式。由于Python 省略了很多编译细节，因此更容易上手。

Python 是一种结合解释性、编译性、互动性的面向对象的高层次脚本语言，也是一种高级语言。由于 Python 易学习，并且具有广泛而丰富的标准库及第三方库，它可以和其他语言很好地融合，所以也称为"胶水语言"。Python 的设计目标之一是让代码具有高度的可阅读性，其所使用的标点符号和英文单词大都与其他语言经常使用的一致，故使用它设计的程序代码看起来整洁美观。Python 不像其他静态语言（如 C 语言、Pascal 等）一样需要重复书写声明语句，在一定程度上避免了经常出现特殊情况和意外。

2.1.2　声明 Python 编码

Python 3 安装完成后，系统默认其源码文件为 UTF-8 编码。在此编码下，全世界大多数语言的字符都可以同时在字符串和注释中得到准确编译。

在大多数情况下，通过编辑器编写的 Python 代码默认保存为 UTF-8 编码的脚本文件，系统通过 Python 执行相应文件时就不容易出错。但是如果编辑器不支持 UTF-8 编码的文件，或团队合作时有人使用了其他编码格式，那么 Python 3 将无法自动识别脚本文件，从而造成程序执行错误，这时候对 Python 脚本文件进行编码声明就显得尤为重要。例如，GBK 脚本文件在没有编码声明时执行将会出错，经编码声明后，脚本文件即可正常执行。

为源文件指定特定的字符编码需要在文件的首行或第二行插入特殊的注释行，通常使用的编码声明格式如下。

```
#-*-coding:utf-8-*-
```

通过上述声明，源文件中的所有字符都会被当成“coding”指代的 UTF-8 编码对待。当然，这不是唯一的声明格式，上述格式只是普遍使用的一种形式。其他形式的声明，如“#coding:utf-8”和“#coding=utf-8”，也都是可以的。

在编写 Python 脚本时，除了要声明编码外，还需要注意路径声明。路径声明的格式如下。

```
#C:/Program Files/Python38
```

上述语句声明的路径为 Python 的安装路径。路径声明的目的是告诉系统调用“C:/Program Files/Python38”目录下的 Python 解释器执行文件。路径声明一般放在脚本首行。

2.1.3 加入代码注释

注释对于机器编程来说是不可少的，即使是简短的几行 Python 代码，如果使用了一些生僻的方法，那么程序开发人员也需要花一定时间才能将其弄明白。更何况实际应用中常常要面临成千上万行晦涩难懂的代码，如果对代码注释得不够彻底，那么时间久了，恐怕连程序开发人员自己也会弄不清代码的含义。

1. 单行注释

单行注释通常以井号（#）开头，如代码 2-1 所示。

代码 2-1   单行注释

```
>>> # 这是一个单独成行的注释
>>> print('Hello, World!')  # 这是一个在代码后面的注释
```

注释行是不会被机器编译的。在这里需要提示一下的是，前文介绍过的编码声明也是以井号（#）开头的，但其不属于注释行，而且编码声明需要放在首行或第二行，否则不会被机器解释。

2. 多行注释

在实际应用中常常会有多行注释的需求，同样也可以使用井号（#）进行注释，只需在每一行注释前加井号（#）即可。

（1）井号（#）注释

使用井号（#）进行多行注释，如代码 2-2 所示。

代码 2-2　井号（#）多行注释

```
>>> # 这是一个使用#的多行注释
>>> # 这是一个使用#的多行注释
>>> # 这是一个使用#的多行注释
>>> print('Hello, World!')
```

使用#进行多行注释显得有些笨拙。Python 中对多行注释还有另一种更加方便、快捷的方式，就是使用 3 个单引号或 3 个双引号将注释内容引起来，达到注释多行或整段内容的效果。

（2）单引号注释

使用单引号进行多行注释，如代码 2-3 所示。

代码 2-3　单引号多行注释

```
'''
该多行注释使用的是 3 个单引号
该多行注释使用的是 3 个单引号
该多行注释使用的是 3 个单引号
'''
>>> print('Hello, World!')
```

（3）双引号注释

使用双引号进行多行注释，如代码 2-4 所示。

代码 2-4　双引号多行注释

```
"""
该多行注释使用的是 3 个双引号
该多行注释使用的是 3 个双引号
该多行注释使用的是 3 个双引号
"""
>>> print('Hello, World!')
```

当使用引号进行多行注释时，需要保证前后使用的引号类型一致。前面使用单引号，后面使用双引号，或前面使用双引号、后面使用单引号，都是不被允许的。

2.1.4　使用多行语句

一条多行语句的情况一般是语句太长，在一行中写完一条语句会显得很不美观。在代码中使用反斜杠（\）可以实现一条长语句的换行，同时也不会被机器识别成多条语句，如代码 2-5 所示。

代码 2-5　使用反斜本（\）换行

```
>>> total = applePrice + \
...     bananaPrice + \
...     pearPrice
```

但是在 Python 中，[]、{}、()里面的多行语句在换行时是不需要使用反斜杠（\）的，例如[]中的多行语句使用逗号换行，如代码 2-6 所示。

代码 2-6　使用逗号换行

```
>>> total = [applePrice,
...     bananaPrice,
...     pearPrice]
```

此外，使用分号（;）可对多条短语句实现隔离，从而在同一行书写多条语句，如代码 2-7 所示。一行多条语句，通常在短语句中应用得比较广泛。

代码 2-7　分号实现语句隔离

```
>>> applePrice = 8; bananaPrice = 3.5; pearPrice = 5
```

2.1.5　缩进代码

Python 最具特色的就是以缩进的方式来标识代码块，不再需要使用花括号（{}），这样会使代码看起来更加简洁明了。

同一个代码块的语句必须保证相同的缩进，否则将会出错。至于缩进的空格数，Python 并没有硬性要求，只需保证数量一致即可。

正确缩进的 Python 代码块如代码 2-8 所示。

代码 2-8　正确缩进示例

```
>>> if True:
...     print('我的行缩进空格数相同')
>> else:
...     print('我的行缩进空格数相同')
```

错误缩进如代码 2-9 所示，最后一行的语句缩进空格数与其他行不一致，会导致代码运行出错。

代码 2-9　错误缩进示例

```
>>> if True:
...         print('我的行缩进空格数相同')
>>> else:
...         print('我的行缩进空格数相同')
...     print('我的行缩进空格数不同')
```

此外，当在交互式模式下输入复合语句时，必须在最后添加一个空行来标识结束。因为当代码过于复杂时，解释器将难以判断代码块在何处结束，而且以空行标识结束也便于程序开发人员自己进行查阅和理解。

2.1.6　命名标识符与保留字符

标识符在机器语言中是被允许作为名字的有效字符串。Python 中的标识符主要用在变量、函数、类、模块、对象等的命名中。

Python 中对标识符有如下规定。

（1）标识符可以由字母、数字和下画线组成。

（2）标识符不能以数字开头。以下画线开头的标识符具有特殊的意义，使用时需要注意以下规定。

① 以单下画线开头的标识符（如_foo）代表不能直接访问的类属性，需通过类提供的接口进行访问，不能用 "from xxx import *" 导入。

② 以双下画线开头的标识符（如__foo）代表类的私有成员。

③ 以双下画线开头和结尾的标识符（如__foo__）是 Python 特殊方法专用的标识符，如__init__代表类的构造函数。

（3）标识符字母区分大小写，如 Abc 与 abc 是两个标识符。

（4）标识符禁止使用 Python 中的保留字。当需要查看某字符串是否为保留字时，可以使用 iskeyword 函数，使用 kwlist 函数可以查看所有保留字，如代码 2-10 所示。

代码 2-10　查看保留字

```
>>> import keyword
>>> print(keyword.iskeyword('and'))  # 查看 and 是否为保留字
True
>>> print(keyword.kwlist)  # 查看 Python 中的所有保留字
['False','None','True','and','as','assert','break','class','continue','def'
,'del','elif','else','except','finally','for','from','global','if','import'
,'in','is','lambda','nonlocal','not','or','pass','raise','return','try',
'while','with','yield']
```

2.1.7　调试 Python 代码

进入编程学习前，先来欣赏一个关于程序员的小笑话："诸葛亮是一个优秀的程序员，每一个锦囊都是应对不同 case 而编写的。但是再优秀的程序员也敌不过更优秀的 Bug，于是六出祁山、七进中原、鞠躬尽瘁、死而后已的诸葛亮只因为一个 Bug——马谡，使得整个结构就被 break 了！"这里可以发现："千里之堤，毁于蚁穴"不是空穴来风，一个小小的 Bug 就会让整个程序运行失败。

程序一次写完并能正确运行的概率非常小，一般会有各种各样的 Bug 需要修正。有的 Bug 修正起来很简单，查看一下错误信息就知道如何解决；而有的 Bug 很复杂，修正时需

Python 编程基础（第 2 版）（微课版）

要判断出错时哪些变量的值是正确的、哪些变量的值是错误的。因此，程序开发人员需要一整套调试程序的手段来修复 Bug。

程序调试就是在将写好的程序投入实际运行前，用手动或编译程序等方法进行测试，进而修正语法错误和逻辑错误的过程。这是保证计算机信息系统正确性的必不可少的步骤。写完的计算机程序，必须在计算机中进行测试，然后根据测试时所发现的错误进行进一步诊断，找出出错原因和具体的位置并进行修正。

Python 代码可以使用 pdb（Python 自带的包）、Python IDE（如 PyCharm）、日志功能等进行调试。接下来介绍一些简单错误的调试修正方法，如代码 2-11 所示。

代码 2-11　语法错误示例

```
>>> print 'Hello, World!'  # 缺少括号
SyntaxError: Missing parentheses in call to 'print'. Did you mean print('Hello,
World!'  # 缺少括号)?
>>> print('Hello, World!')  # 引号为中文引号
SyntaxError: invalid character in identifier
>>> print ('Hello, World!') # 括号为中文括号
SyntaxError: invalid character in identifier
```

代码 2-11 中的错误都是语法错误，第一行代码在 Python 2 中是能正确运行的，但是在 Python 3 中并不能正确运行；后面的两行代码均是因为使用了中文格式的符号，编写代码时一般使用英文输入法。当然这只是简单地通过输出查看错误的方式，还有其他很多调试代码的方法，读者可以参考其他相关内容进行了解。

任务 2.2　创建字符串变量并提取里面的数值

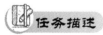

任务描述

Python 基础变量主要有字符型和数值型两种，数值型变量又可分为整型（int）、浮点型（float）、布尔型（bool）、复数（complex）。创建变量时不需要声明数据类型，Python 能够自动识别数据类型。本任务将创建字符串变量 "Apple's unit price is 9 yuan."，并把里面的数值提取出来，转换成整型（int）数据。

任务分析

通过以下步骤完成上述任务。

（1）创建一个字符串变量 "Apple's unit price is 9 yuan."。

（2）提取出里面的数字 9 并赋值给新的变量。

（3）查看新变量的数据类型。

（4）将提取的数字 9 转换成整型（int）。

（5）确认数据类型是否转换成功。

2.2.1　了解 Python 变量

在 Python 中，变量不需要提前声明，创建时直接对其赋值即可，变量类型由赋给变量的值决定。值得注意的是，一旦创建了一个变量，就需要给对应变量赋值。

有一种"通俗"的说法是，变量好比一个标签，指向内存空间的一块特定的地址。创建变量时，系统会自动在机器的内存中给对应变量分配一块内存，用于存放变量值，如图 2-1 所示。

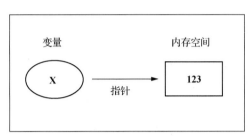

图 2-1　变量存储示意图

通过 id 函数可以查看创建变量和变量重新赋值时内存空间的变化过程，如代码 2-12 所示。

代码 2-12　内存空间的变化

```
>>> x = 4
>>> print(id(x))   # 查看变量 x 指向的内存地址
8791167088512
>>> y = x   # 将变量 x 重新赋给另一个新变量 y
>>> print(id(y))
8791167088512
>>> x = 2   # 对变量 x 重新赋值
>>> print(x, y)   # 同时输出变量 x 和变量 y 的值
(2, 4)
>>> print(id(x))
8791167088448
>>> print(id(y))
8791167088512
```

从代码 2-12 中可以直观地看出，一个变量在初次赋值时将会获得一块内存空间用来存放变量值。当令变量 y 等于变量 x 时，其实是一种内存地址的传递，变量 y 获得的是存储变量 x 值的内存地址，所以当变量 x 的值改变时，变量 y 的值和内存地址并不会发生改变。此外还可以看出，变量 x 的值改变时，系统会重新分配一块内存空间存放新的变量值。

要创建一个变量，首先需要一个变量名和变量值（数据），然后通过赋值语句将值赋给变量。

1．变量名

变量的命名必须严格遵守标识符的规则，Python 中有一类非保留字的特殊字符串（如内置函数名），这些字符串具有某种特殊功能，虽然用作变量名时不会出错，但会造成相应的功能丧失。例如，len 函数可以用于返回字符串长度，但是 len 一旦作为变量名，就失去了返回字符串长度的功能。因此，在给变量命名时，不仅要避免使用 Python 中的保留字，还要避开具有特殊作用的非保留字，以免发生错误，如代码 2-13 所示。

代码 2-13　变量名注意事项

```
>>> import keyword  # 导入 keyword 库
>>> keyword.iskeyword('and')  # 判断 and 是否为保留字
True
>>> and = '我是保留字'  # 以保留字作为变量名出错
SyntaxError: invalid syntax
>>> strExample = '我是一个字符串'  # 创建一个字符串变量
>>> print(len(strExample))  # 使用 len 函数查看字符串长度
7
>>> len = '特殊字符串命名'  # 使用 len 作为变量名
>>> print(len)
特殊字符串命名
>>> print(len(strExample))  # len 函数查看字符串长度出错
TypeError: 'str' object is not callable
```

如果在一段代码中有大量变量名，而且这些变量名没有错，只是取名很随意、风格不一，那么程序开发人员在解读代码时可能会出现一些混淆。接下来介绍几种命名法。

（1）大驼峰（Upper Camel Case）

所有单词的首字母都是大写，如 "MyName" "YourFamily" 等。

大驼峰命名法一般用于类的命名。

（2）小驼峰（Lower Camel Case）

第一个单词的首字母为小写字母，其余单词的首字母都采用大写字母，如 "myName" "yourFamily" 等。

小驼峰命名法多用于函数和变量的命名。

（3）下画线（_）分隔

首个单词用小写字母，中间用下画线（_）分隔后，后面单词的首字母为大写字母，如 "my_Name" "your_Family" 等。

具体使用哪种方法对变量进行命名，并没有统一的规定，重要的是一旦选择了一种命名方式，在后续的程序编写过程中一定要保持风格一致。

2．变量值

变量值就是赋给变量的数据，Python 中有 6 个标准的数据类型，分别为数字（number）、字符串（string）、列表（list）、元组（tuple）、字典（dictionary）、集合（set）。其中，列表、元组、字典、集合属于复合数据类型。

3. 变量赋值

最简单的变量赋值就是把一个变量值赋给一个变量，只需要用等号（＝）即可实现。变量赋值后可以使用 type 函数查看变量的数据类型。

同时，Python 还可以将一个值同时赋给多个变量，如代码 2-14 所示。

代码 2-14　一个值赋给多个变量

```
>>> a = b = c = 1  # 一个值赋给多个变量
>>> print(a)
1
>>> print(b)
1
>>> print(c)
1
>>> print(type(c))
<class 'int'>
```

代码 2-14 展示了将数字 1 同时赋给变量 a、b、c 的方法。如果需要将数字 1、2 和字符串 "abc" 分别赋值给变量 a、b、c，就需要使用逗号（,）隔开，如代码 2-15 所示。

代码 2-15　多个值分别赋给多个变量

```
>>> a, b, c = 1, 2, 'abc'  # 多个值分别赋给多个变量
>>> print(a)
1
>>> print(b)
2
>>> print(c)
'abc'
```

2.2.2　数值型变量的相互转换

Python 3 支持的数值型数据类型有 int、float、bool、complex，Python 3 中的整数类型 int 表示长整型，没有了 Python 2 中的 long，如表 2-1 所示。

表 2-1　数值型数据类型

数值型数据类型	中文解释	示　例
int	整型	10；100；1000
float	浮点型	1.0；0.11；1e-12
bool	布尔型	True；False
complex	复数	1+1j；0.123j；1+0j

int 类型即整数类型，float 类型指既有整数又有小数部分的浮点数类型，这些都是比较好理解的。bool 类型只有 True（真）和 False（假）两种取值，因为 bool 继承了 int 类型，所以在这两种类型中 True 可以等价为数值 1，False 可以等价为数值 0，并且可以直接使用 bool 值进行数学运算。complex 类型数据由实数部分和虚数部分构成，其在 Python 中的结构形式如 real+imag（J/j 作后缀），实数和虚数部分都是浮点数。

在 Python 中可以实现数值型数据类型的转换，可使用的内置函数有 int、float、bool、complex。int 函数类型转换如代码 2-16 所示。

代码 2-16　int 函数类型转换演示

```
>>> # 浮点型转整型
>>> print(int(1.56)); print(int(0.156)); print(int(-1.56)); print(int())
1
0
-1
0
>>> print(int(True)); print(int(False))   # 布尔型转整型
1
0
>>> print(int(1+23j))   # 复数转整型
TypeError: can't convert complex to int
```

代码 2-16 所示的结果都很简单，由浮点型转整型的运行结果可知，在浮点数转换成整数的过程中，只是简单地将小数部分剔除，保留整数部分，int 空参的结果为 0；当布尔型转整型时，bool 值 True 被转换成整数 1，False 被转换成整数 0；复数没办法转换成整型数据。

bool 函数类型转换如代码 2-17 所示。

代码 2-17　bool 函数类型转换演示

```
>>> print(bool(1)); print(bool(2)); print(bool(0))   # 整型转布尔型
True
True
False
>>> print(bool(1.0)); print(bool(2.3)); print(bool(0.0))   # 浮点型转布尔型
True
True
False
>>> print(bool(1+23j)); print(bool(23j))   # 复数转布尔型
True
```

```
True
>>> # 各种类型的空值转布尔型
>>> print(bool()); print(bool('')); print(bool([])); \
...    print(bool(())); print(bool({}))
False
False
False
False
False
```

从整型、浮点型、复数转布尔型的结果可以总结出一个规律：非 0 数值转布尔型，值都为 True；数值 0 转布尔型，值为 False。此外，用 bool 函数分别对空、空字符、空列表、空元组、空字典（或集合）进行转换时结果都为 False。如果是非空数据，那么结果是 True（除去数值 0 的情况）。

2.2.3　字符型数据的创建与基本操作

相比于数值型数据，可以将字符型数据理解成一种文本，它在语言领域的应用更加广泛。Python 提供了表达字符串的几种方式，分别是使用单引号（'）、双引号（"）和三引号（'''或"""）。

1. 标识字符串

（1）单引号（'）

单引号（'）标识字符串的方法是将字符串用单引号引起来。标准 Python 库允许字符串中包含字母、数字和各种符号。Python 3 的默认编码为 UTF-8，意味着在字符串中任意使用中文也不会出错，如代码 2-18 所示。

代码 2-18　单引号标识字符串

```
>>> print('使用单引号标识字符串')  # 单引号标识字符串
使用单引号标识字符串
```

（2）双引号（"）

双引号（"）在字符串中的使用与单引号的用法完全相同，如代码 2-19 所示。需要注意的是，单引号和双引号不能混用。

代码 2-19　双引号标识字符串

```
>>> print("This is a sentence.")  # 双引号标识字符串
This is a sentence.
```

（3）三引号（'''或"""）

三引号（'''）相比于单引号或双引号，有一个比较特殊的功能，它能够标识一个多行的字符串，且字符串的换行、缩进等格式都会被原封不动地保留。三引号是格式化记录一段话的好帮手，如代码 2-20 所示，但前后引号要保持一致，不要混用。

代码 2-20　三引号标识字符串

```
>>> paragraph = '''\
... This is the first sentence.
... This is the second sentence.
... This is the third sentence.'''   # 3个单引号标识的一段字符串
>>> print(paragraph)
This is the first sentence.
This is the second sentence.
This is the third sentence.
```

代码 2-20 展示了 3 个单引号标识的一段字符串，通过 print 函数输出结果，可以清楚地看到句子的换行和段落缩进等细节都保持了原状。另外，3 个双引号的用法与 3 个单引号的用法一样，读者可以动手实践。细心的读者可能会发现，代码 2-20 的命令行中有反斜杠（\），它表示字符串在下一行继续，而不是开始一个新行。

反斜杠（\）不仅可以在字符串中担当特殊换行的角色，还可以是字符串中的转义符。

2. 字符转义

当使用单引号标识一个字符串时，如果该字符串中含有一个单引号，如"What's happened"，那么 Python 将不能识别这段字符串从何处开始，又在何处结束。此时需要用到转义符，即前文提到的反斜杠（\），使单引号只是纯粹的单引号，不具备任何其他作用，如代码 2-21 所示。

代码 2-21　单引号转义

```
>>> print('What's happened')   # 单引号标识的字符串中含有单引号
SyntaxError: invalid syntax
>>> print('What\'s happened')   # 反斜杠（\）转义单引号
What's happened
```

比较特殊的是，用双引号标识一个包含单引号的字符串时不需要使用转义符，但是如果其中包含一个双引号，就需要进行转义。另外，反斜杠（\）可以用于转义其本身，如代码 2-22 所示。

代码 2-22　双引号与反斜杠转义

```
>>> print("What's happened")   # 双引号标识含有单引号的字符串
What's happened
>>> print("Double quotes(\")")   # 双引号标识的字符串里面的双引号需要转义
Double quotes(")
>>> print('Backslash(\\)')   # 转义反斜杠
Backslash(\)
```

此外，在 Python 中还可以通过给字符串加上前缀 r 或 R 来指定原始字符串，如代码 2-23 所示。

代码 2-23 指定原始字符串

```
>>> print('D:\name\python')  # 以反斜杠开头的特殊字符
D:
ame\python
>>> print(r'D:\name\python')  # 用 r 或 R 指定原始字符串
D:\name\python
```

请思考为什么会出现上述结果。

3. 字符串索引

Python 对字符串的操作还是比较灵活的，包括字符提取、字符串切片和拼接等，但在介绍字符串操作之前，需要读者先掌握字符串索引的概念。

字符串索引分为正索引和负索引，通常说的索引是指正索引。在 Python 中，索引是从 0 开始的，也就是第一个字母的索引是 0，第二个字母的索引是 1，以此类推，如图 2-2 所示。很明显，正索引是从左到右去标记字母的；负索引从右到左去标记字母，然后加上一个负号（−）。负索引的第一个值是-1，而不是-0，如果负索引的第一个值是 0，那么将会导致 0 索引指向两个值，这种情况是不允许的。

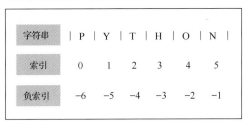

图 2-2 字符串索引

4. 字符串基本操作

下面介绍提取指定位置的字符、字符串切片和字符串拼接等操作。

（1）提取指定位置的字符

在 Python 中，只需要在变量后面使用方括号（[]）将需要提取的字符的索引括起来，即可提取指定位置的字符，如代码 2-24 所示。

代码 2-24 提取指定位置的字符

```
>>> word = 'Python'
>>> print(word[1])  # 提取第二个字符
'y'
>>> print(word[0])  # 提取第一个字符
'P'
```

```
>>> print(word[-1])  # 提取最后一个字符
'n'
```

（2）字符串切片

字符串切片就是截取字符串的片段，形成子字符串。字符串切片的方式形如 $s[i:j]$，s 代表字符串，i 表示截取字符串的开始索引，j 代表结束索引。需要注意的是，在截取结果中包含起始字符，但不包含结束字符，$[i:j]$ 是一个前闭后开区间。

Python 在字符串切片的功能上有很好的默认设置。省略第 1 个索引，则第一个索引默认为 0；省略第 2 个索引，默认为切片字符串的实际长度，如代码 2-25 所示。

代码 2-25 字符串切片

```
>>> print(word[0:3])  # 截取第 1～3 个字符
'Pyt'
>>> print(word[:3])  # 截取第 1～3 个字符
'Pyt'
>>> print(word[4:])  # 截取第 5 到最后一个字符
'on'
```

对于没有意义的切片索引，Python 还可以优雅地进行处理：当第 2 个索引越界时，将用被切片字符串实际长度将其代替；当第 1 个索引大于字符串实际长度时，将返回空字符串；当第 1 个索引为负数时，返回空字符串；当第 1 个索引值大于第 2 个索引值时，也返回空字符串，如代码 2-26 所示。

代码 2-26 索引越界

```
>>> print(word[3:52])  # 第二个索引越界
'hon'
>>> print(word[52:])  # 第一个索引超出字符串长度
''
>>> print(word[-1:3])  # 第一个索引为负，第二个索引正常
''
>>> print(word[5:3])  # 第一个索引大于第二个索引
''
```

在 Python 中，字符串是不可以更改的，所以，如果需要给指定位置的字符重新赋值，那么运行将会出错，如代码 2-27 所示。

代码 2-27 字符串不可修改

```
>>> word[0] = 'p'  # 字符串不可被修改
TypeError: 'str' object does not support item assignment
```

（3）字符串拼接

如果要修改字符串，那么最好的办法是重新创建一个字符串。如果只需要改变其中的

少部分字符，那么可以使用字符串拼接方法。

当进行字符串拼接时，可以使用加号（+）将两个字符串拼接起来，星号（*）表示重复。另外，相邻的两个字符串文本是会自动拼接在一起的，如代码 2-28 所示。

代码 2-28　字符串拼接

```
>>> print('Python is' + 3 * ' good')  # 加号拼接字符串
'Python is good good good '
>>> print('Python is' ' good')  # 相邻字符串自然拼接
'Python is good'
```

将字符串 "Life is short,you need something." 修改成 "Life is short,you need Python."，如代码 2-29 所示。

代码 2-29　字符串修改

```
>>> sentence = 'Life is short,you need something.'
>>> print(sentence[:23] + 'Python.')
'Life is short,you need Python.'
```

2.2.4　任务实现

根据任务分析，本任务的具体实现过程可以参考以下操作。

（1）"Apple's unit price is 9 yuan." 中含有单引号（'），使用反斜杠（\）进行转义。

（2）直接使用方括号（[]）提取字符串中指定位置的字符。

（3）使用 type 函数查看数据类型。

（4）使用 int 函数将数据转换成整型。

参考代码如任务实现 2-1 所示。

2.2　创建字符串变量并提取里面的数值

任务实现 2-1

```
applePriceStr = 'Apple\'s unit price is 9 yuan.'
applePrice = applePriceStr[22]  # 提取数值
print('提取了苹果的单价为：', applePrice, '。此刻它的数据类型为：', type(applePrice))
applePrice = int(applePrice)  # 转换为整型
print('转换数据类型后：', type(applePrice))
```

任务 **2.3**　计算圆形的各参数

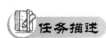任务描述

设计一个小程序，运用本节介绍的操作运算符实现输入、输出圆形的基本参数。

圆形的基本计算公式如式（2-1）所示。

$$C = 2\pi r,\ S = \pi r^2 \qquad\qquad (2\text{-}1)$$

其中，r 代表圆形的半径，C 代表圆形的周长，S 代表圆形的面积，π 是圆周率。

由式（2-1）可得式（2-2）。

$$r = \frac{C}{2\pi} = \sqrt{\frac{S}{\pi}} \qquad\qquad (2\text{-}2)$$

运用运算符实现上述两个表达式。

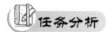

通过以下步骤完成上述任务。

（1）输入半径，输出面积及周长。

（2）输入周长，输出半径及面积。

（3）输入面积，输出半径及周长。

2.3.1 掌握常用操作运算符

Python 提供了一系列便利的基础运算符，可用于数据分析研究。满足基本运算需求的运算符主要有算术运算符、比较运算符、赋值运算符。

1. 算术运算符

算术运算符是对操作数进行运算的一系列特殊符号，能够满足一般的运算操作需求。在 Python 3 中，常用算术运算符如表 2-2 所示。

表 2-2　常用算术运算符

运算符	描　　述	示　　例
+	加，即两个对象相加	10+20 输出结果 30
−	减，即得到负数或是一个数减去另一个数	20−10 输出结果 10
*	乘，即两个数相乘或是返回一个被重复若干次的字符串	10*20 输出结果 200
/	除，即 x 除以 y	20/10 输出结果 2.0
%	取模，即返回除法运算中的余数	23%10 输出结果 3
**	幂，即返回 x 的 y 次方	2**3 输出结果为 8
//	取整除，即返回商的整数部分	23//10 输出结果 2

在进行除法（/）运算时，不管商为整数还是浮点数，结果始终为浮点数。如果希望得到整型的商，那么需要用到双正斜杠（//）。对于其他运算，只要任一操作数为浮点数，结果就是浮点数。算术运算符的应用如代码 2-30 所示。

代码 2-30　算术运算符应用示例

```
>>> print(2 / 1); print(type(2 / 1))  # 正斜杠除法
```

```
2.0
<class 'float'>
>>> print(2 // 1); print(type(2 // 1))   # 双正斜杠除法
2
<class 'int'>
>>> print(1 + 2, 'and', 1.0 + 2); print(1 * 2, 'and', 1.0 * 2)   # 加法和乘法
3 and 3.0
2 and 2.0
>>> print('23除以10，商为：', 23 // 10, '，余数为：', 23 % 10)   # 商和余数
23除以10，商为： 2 ，余数为： 3
>>> print(3 * 'Python')   # 字符串的 n 次重复
'PythonPythonPython'
```

2. 比较运算符

比较运算符一般用于数值的比较，也可用于字符的比较，常用比较运算符如表 2-3 所示。

当两个数值的比较结果正确时返回 True，否则返回 False。

关于字符的比较对于刚接触编程的读者来说可能会比较生疏，这里对其中的原理做简单的介绍，感兴趣的读者可以查找更多的资料进行深入了解。在 Python 中，字符是符合 ASCII 的，每个字符都有属于自己的编码，字符比较的本质是字符 ASCII 值的比较。

表 2-3　常用比较运算符

运算符	描　　述	示　　例
==	等于，即比较对象是否相等	(1==2)返回 False
!=	不等于，即比较两个对象是否不相等	(1!=2)返回 True
>	大于，即返回 x 是否大于 y	(1>2)返回 False
<	小于，即返回 x 是否小于 y	(1<2)返回 True
>=	大于或等于，即返回 x 是否大于或等于 y	(1>=2)返回 False
<=	小于或等于，即返回 x 是否小于或等于 y	(1<=2)返回 True

Python 提供了以下两个可以进行字符与 ASCII 值转换的函数。

（1）ord 函数：将字符转换为对应的 ASCII 值。

（2）chr 函数：将 ASCII 值转换为对应的字符。

比较运算符的应用示例如代码 2-31 所示。

代码 2-31　比较运算符应用示例

```
>>> print(1 == 2); print(1 != 2)   # 数值的比较
```

```
False
True
>>> print('a' == 'b', 'a' != 'b'); print('a' < 'b', 'a' > 'b')  # 字符的比较
False True
True False
>>> print(ord('a'), ord('b'))  # 查看字符编码
97 98
>>> print(chr(97), chr(98))  # 查看编码对应的字符
a b
>>> print('# ' < '$')  # 符号的比较
True
```

3. 赋值运算符

赋值运算符用于变量赋值和更新，从表 2-4 中可知，Python 中除了简单的赋值运算符外，还有一类特殊的赋值运算符，如加法赋值运算符、减法赋值运算符等。除了简单赋值运算符外，其他赋值运算符都属于特殊赋值运算符。

表 2-4　常用赋值运算符

运 算 符	描 述	示 例
=	简单的赋值运算符	c=a+b 表示将 a+b 的运算结果赋值给 c
+=	加法赋值运算符	a+=b 等效于 a=a+b
-=	减法赋值运算符	a-=b 等效于 a=a-b
*=	乘法赋值运算符	a*=b 等效于 a=a*b
/=	除法赋值运算符	a/=b 等效于 a=a/b
%=	取模赋值运算符	a%=b 等效于 a=a%b
**=	幂赋值运算符	a**=b 等效于 a=a**b
//=	取整除赋值运算符	a//=b 等效于 a=a//b

表 2-4 中的特殊赋值运算符也可以看作是变量的快速更新。更新意味着变量是存在的，对于一个之前不存在的变量，则不能使用特殊赋值运算符。赋值运算符应用示例如代码 2-32 所示。

代码 2-32　赋值运算符应用示例

```
>>> a = 1 + 2; print(a)  # 简单赋值运算
3
>>> print('a: ', a); a += 4; print('a += 4 特殊赋值运算后，a: ', a)  # 特殊赋值运算
a: 3
```

```
a += 4 特殊赋值运算后，a: 7
>>> f += 4  # 未定义变量不能进行特殊赋值运算
NameError: name 'f' is not defined
```

4. 按位运算符

通常，数字使用的都是十进制，按位运算符会自动将输入的十进制数转换为二进制数，再进行相应的运算。

常用按位运算符如表 2-5 所示。在示例中，a 为 60，b 为 13，对应的二进制值如下。

```
a = 0011 1100
b = 0000 1101
```

表 2-5　常用按位运算符

运 算 符	描 述	示 例
&	按位与运算符：参与运算的两个值如果相应位都为 1，那么对应位的结果为 1，否则为 0	a & b 输出结果 12，二进制值：0000 1100
|	按位或运算符：只要对应的两个二进位有一个为 1，结果位就为 1	a | b 输出结果 61，二进制值：0011 1101
^	按位异或运算符：当两个对应的二进位相异时，结果为 1	a ^ b 输出结果 49，二进制值：0011 0001
~	按位取反运算符：对数据的每个二进制位取反，即把 1 变为 0，把 0 变为 1	~a 输出结果-61，二进制值：1100 0011
<<	左移运算符：运算数的各二进位全部左移若干位，由"<<"右边的数指定移动的位数，高位丢弃，低位补 0	a << 2 输出结果 240，二进制值：1111 0000
>>	右移运算符：运算数的各二进位全部右移若干位，由">>"右边的数指定移动的位数低位丢弃，高位补 0	a >> 2 输出结果 15，二进制值：0000 1111

按位运算符是对二进制数的运算，其中比较难理解的是取反运算，本书后面会详细讲解相关知识。按位运算符的应用示例如代码 2-33 所示。

代码 2-33　按位运算符应用示例

```
>>> a = 60; b = 13; print('a = 60, b = 13')  # 初始赋值
a = 60, b = 13
>>> print('a & b =', a & b)
>>> print('a | b =', a | b)
>>> print('a ^ b =', a ^ b)  # 与、或、异或运算
a & b = 12
a | b = 61
```

```
a ^ b = 49
>>> print('~a =', ~a)
>>> print('a << 2 =', a << 2)
>>> print('a >> 2 =', a >> 2)    # 取反和位移运算
~a = -61
a << 2 = 240
a >> 2 = 15
```

这里以按位与和按位取反运算为例，讲解具体计算过程。

（1）按位与运算

按位与运算：参与运算的两个值若两个相应位都为 1，则对应位的结果为 1，否则为 0。

如下述代码所示，a 和 b 从右往左的第 3、4 位都为 1，其他位置的数都没有同时为 1，故对 a 和 b 做按位与运算的结果在从右往左第 3、4 位为 1，其余位置都为 0。

```
a = 0011 1100
b = 0000 1101
a & b = 0000 1100
```

（2）按位取反运算

按位取反涉及补码的计算，相对比较复杂。

十进制数的二进制原码包括符号位和二进制值。以 60 为例，其二进制原码为"0011 1100"，从左往右第 1 位为符号位，其中，0 代表正数，1 代表负数。

对于正数来说，其补码与二进制原码相同；对于负数而言，其补码为：二进制原码符号位保持不变，其余各位取反后再在最后一位加 1。

例 2-1   对 60 进行取反。

取 60 的二进制原码：0011 1100。

取补码：0011 1100。

每一位取反：1100 0011，得到最终结果的补码（负数）。

取补码：1011 1101 得到最终结果的原码。

转换为十进制数：–61。所以 60 取反后为–61。

例 2-2   对–61 进行取反。

取–61 的二进制原码：1011 1101。

取补码：1100 0011。

每一位取反：0011 1100，得到最终结果的补码（正数）。

取补码：0011 1100 得到最终结果的原码。

转换为十进制：60。所以–61 取反后为 60。

例 2-1 和例 2-2 已经很好地展示了正数和负数的取反操作，可以总结为以下 5 个步骤。

① 取十进制数的二进制原码。

② 对原码取补码。

③ 补码取反（得到最终结果的补码）。

④ 对取反结果再取补码（得到最终结果的原码）。

⑤ 将二进制原码转为十进制数。

5. 逻辑运算符

逻辑运算符包括 and、or、not，具体用法如表 2-6 所示，示例中 a 为 11，b 为 22。

表 2-6　逻辑运算符

运　算　符	逻辑表达式	描　　述	示　　例
and	x and y	布尔"与"，即 x and y，若 x 为 False，则返回 x；否则返回 y 的计算值	a and b，返回 22
or	x or y	布尔"或"，即 x or y，若 x 是 True，则返回 x；否则返回 y 的计算值	a or b，返回 11
not	not x	布尔"非"，即 not(x)，若 x 为 True，则返回 False；若 x 为 False；则返回 True	not(a and b)，返回 False

逻辑运算符的应用示例如代码 2-34 所示。

代码 2-34　逻辑运算符应用示例

```
>>> a = 11; b = 22; print('a = 11, b =22')  # 初始赋值
a = 11, b =22
>>> print('a and b =', a and b)
>>> print('a or b =', a or b)
>>> print('not(a and b) =', not(a and b))  # and、or、not 运算
a and b = 22
a or b = 11
not(a and b) = False
>>> a = 0; b = 22; print('a = 0, b = 22')  # 重新赋值
a = 0, b = 22
>>> print('a and b =', a and b)
>>> print('a or b =', a or b)
>>> print('not(a and b) =', not(a and b))  # and、or、not 运算
a and b = 0
a or b = 22
not(a and b) = True
```

当按位运算符和逻辑运算符用于 bool 值运算时，按位&和逻辑 and 的运算效果一样，当符号左右两个值都为 True 时，返回结果 True，否则返回 False；按位|和逻辑 or 的运算效果一样，当符号左右两个值中有一个值为 True 时，返回结果 True，否则返回 False，如代码 2-35 所示。

代码 2-35　bool 值运算

```
>>> print(True & True); print(True and True)  # 按位&、逻辑and
True
True
>>> print(True | False); print(True or False)  # 按位|、逻辑or
True
True
>>> print(True & False); print(True and False)
False
False
>>> print(False | False); print(False or False)
False
False
```

6. 成员运算符

成员运算符的作用是判断某指定值是否存在于某一序列中，包括字符串、列表或元组。成员运算符的相关解释如表 2-7 所示。

表 2-7　成员运算符

运　算　符	描　　　述	示　　　例
in	如果在指定的序列中找到值，那么返回 True，否则返回 False	x in y，若 x 在 y 序列中，则返回 True
not in	如果在指定的序列中没有找到值，那么返回 True，否则返回 False	x not in y，若 x 不在 y 序列中，则返回 True

在成员运算中，对成员的运算不仅包含值的大小，还包括类型的判断。通过代码 2-36 可以看出，在 List 中 1 是数值，所以判断数值 1 是否属于 List 时返回 True；但是判断[1] 是否属于 List 时，返回结果为 False，因为类型不匹配。另外，判断[4,5]是否属于 List 时，返回结果为 True，很明显是因为 List 中包含了该值。

代码 2-36　成员运算符应用示例

```
>>> List = [1, 2, 3.0, [4, 5], 'Python3']  # 初始化列表List
>>> print(1 in List)  # 查看1是否在列表内
True
>>> print([1] in List)  # 查看[1]是否在列表内
False
>>> print(3 in List)  # 查看3是否在列表内
True
```

```
>>> print([4, 5] in List)  # 查看[4, 5]是否在列表内
True
>>> print('Python' in List)  # 查看字符串'Python'是否在列表内
False
>>> print('Python3' in List)  # 查看字符串'Python3'是否在列表内
True
```

7. 身份运算符

身份运算符用于比较两个对象的内存地址，说明如表 2-8 所示。

表 2-8　身份运算符

运　算　符	描　　述	示　　例
is	用于判断两个标识符是不是引用自一个对象	x is y，如果 id(x)等于 id(y)，那么返回结果 True
is not	用于判断两个标识符是不是引用自不同对象	x is not y，如果 id(x)不等于 id(y)，那么返回结果 True

在身份运算中，当内存地址相同的两个变量进行 is 运算时，返回 True；当内存地址不同的两个变量进行 is not 运算时，返回 True。身份运算符应用示例如代码 2-37 所示，当 a、b 获取一样的值时，实质上这两个变量获取了同样的内存地址。

代码 2-37　身份运算符应用示例

```
>>> a = 11; b = 11; print('a = 11, b = 11')  # 初始化a、b
a = 11, b = 11
>>> print(a is b); print(a is not b)  # 身份运算
True
False
>>> print(id(a)); print(id(b))  # 查看id地址
8791365400672
8791365400672
>>> a = 11; b = 22; print('a = 11, b = 22')  # 重新赋值b
a = 11, b = 22
>>> print(a is b); print(a is not b)  # 身份运算
False
True
>>> print(id(a)); print(id(b))  # 查看id地址
8791365400672
8791365401024
```

2.3.2 掌握运算符优先级

在 Python 的应用中，通常运算的形式是表达式。表达式由运算符和操作数组成。例如，"1+2"就是一个表达式，"+"是运算符，"1"和"2"是操作数。

一个表达式往往不只包含一个运算符。当一个表达式存在多个运算符时，各运算符的优先级如表 2-9 所示（从上到下优先级由高到低），处于同一优先级的运算符则从左到右依次进行运算。

表 2-9　运算符优先级比较

运　算　符	描　　述
**	幂运算符（最高优先级）
~　+　-	按位取反、一元加号和减号
*　/　%　//	乘、除、取模和取整除运算符
+　-	加法、减法运算符
>>　<<	右移、左移运算符
&	按位与运算符
^　|	按位异或运算符、按位或运算符
<=　<　>　>=	比较运算符
<>　==　!=	比较运算符
=　%=　/=　//=　-=　+=　*=　**=	赋值运算符
Is　is　not	身份运算符
in　not　in	成员运算符
Not　or　and	逻辑运算符

表 2-9 第二行中的"+""-"可以更简单地理解为数值前面用于标识数值正负属性的运算符。运算符优先级应用示例如代码 2-38 所示。

代码 2-38　运算符优先级应用示例

```
>>> print(24 + 12 / 6 ** 2 * 18)  # 24+12/36*18 → 24+(1/3)*18 → 24+6
30.0
>>> print(24 + 12 / ( 6 ** 2 ) * 18)  # 24+12/36*18 → 24+(1/3)*18 → 24+6
30.0
>>> print(24 + ( 12 / ( 6 ** 2 ) ) * 18)  # 24+(12/36)*18 → 24+(1/3)*18 → 24+6
30.0
>>> print(24 + ( 12 / 6 ) ** 2 * 18)  # 24+2**2*18 → 24+4*18 → 24+72
96.0
```

```
>>> print((24 + 12 ) / 6 ** 2 * 18)  # 36/6**2*18 → 36/36*18 → 1*18
18.0
>>> print(-4 * 5 + 3)  # -20+3
-17
>>> print(4 * -5 + 3)  # -20+3
-17
```

2.3.3 任务实现

根据任务分析，本任务的具体实现过程可以参考以下操作。

（1）使用算术运算符按要求设计计算圆形指定参数的表达式。

（2）输入一个圆形的半径，通过表达式计算周长和面积。

（3）输入一个圆形的周长，通过表达式计算半径和面积。

（4）输入一个圆形的面积，通过表达式计算半径和周长。

（5）关于公式中的常量 pi，这里取 3.14。

（6）round 函数可以指定保留小数的位数。

参考代码如任务实现 2-2 所示。

2.3 计算圆形的
各参数

任务实现 2-2

```
'''
根据输入计算圆形的其他参数
圆形的相关计算公式参考正文
'''

pi = 3.14  # 设置常量
# 输入半径，求周长、面积
r = 3  # 输入圆形的半径
C = 2 * pi * r  # 计算圆形的周长
S = pi * r ** 2  # 计算圆形的面积
print('半径为', r, '的圆形，其周长等于', C, '；面积等于', S, '。')


# 输入周长，求半径、面积
C = 5  # 输入圆形的周长
r = C / ( 2 * pi )  # 计算圆形的半径
S = pi * r ** 2  # 计算圆形的面积
print('周长为' + str(C) + '的圆形，其半径为' + str(r) + '；面积等于' + str(S)
     + '。')


# 输入面积，求半径、周长
S = 5  # 输入圆形的面积
```

```
r = round(( S / pi ) ** 0.5 , 2)  # 计算圆形的半径，并保留两位小数
C = round( 2 * pi * r , 2)  # 计算圆形的周长，并保留两位小数
str_print = '面积为' + str(S) + '的圆形，其半径为' + str(r) + '；周长等于' \
            + str(C) + '。'
print(str_print)
```

小结

本章介绍了 Python 的固定语法，主要体现在编码声明、注释、多行语句、行与缩进、标识符与保留字符 5 个方面；还介绍了 Python 的基础变量类型，重点对数值型和字符型这两个 Python 数据类型进行了介绍；此外，还介绍了 Python 的常用操作运算符，分别是算术运算符、比较运算符、赋值运算符、按位运算符、逻辑运算符、成员运算符和身份运算符。

实训

实训 1　使用字符串索引求 n 天后是星期几

1. 训练要点

（1）掌握 input 函数的使用方法。

（2）掌握字符串索引的使用方法。

（3）掌握将字符转换成数值的方法。

（4）掌握算术表达式的使用方法。

（5）掌握格式化输出字符的方法。

2. 需求说明

在西方国家中，星期日通常作为一周的起始，本实训以西方计时法为例，通过字符串索引的方法计算 n 天后是星期几。

首先按行输出编号与对应星期，使用字符串"今天是星期几？"，提示用户输入星期编号；使用字符串"经过多少天后？"，提示用户输入经过的天数，表示在输入的星期编号基础上经过的天数；根据用户的两次输入内容进行格式化输出，输出结果为"今天是星期 x，经过 n 天后是星期 z"。其中，在输出的结果中，x、z 为字符串，n 为整数。

星期所对应的数值编号如表 2-10 所示。

表 2-10　星期编号对应表

编　　号	星　　期
0	星期日
1	星期一

续表

编　　号	星　　期
2	星期二
3	星期三
4	星期四
5	星期五
6	星期六

3. 实训思路及步骤

（1）在 input 函数中输入提示语，并传入变量参数。

（2）通过字符串索引将编号与星期对应。

（3）通过 input 函数获取的值都是字符型，即使输入数字，也会被转换成字符。如果需要保留数值类型，那么可以通过 int 函数进行转换。

（4）通过算术表达式计算 n 天后是星期几。

（5）通过字符串操作格式化输出字符。

实训2　通过算术表达式计算几何平均数

1. 训练要点

（1）几何平均数计算公式如式（2-3）所示。

$$G = \sqrt[n]{x_1 \times x_2 \times \cdots \times x_n} \tag{2-3}$$

其中，n 表示参与计算的变量数，$x_1 \sim x_n$ 是进行计算的具体数值。

（2）合理应用算术运算符构建上述表达式。

2. 需求说明

现已知 5 位同学数学考试成绩分别为 95、68、77、83、91，通过使用几何平均数计算公式计算 5 位同学数学考试成绩的几何平均数。

3. 实训思路及步骤

（1）数值变量赋值。

（2）使用算术运算符构建几何平均数计算表达式。

（3）通过 print 函数输出结果。

课后习题

1. 选择题

（1）下列对多行注释描述正确的是（　　　）。

　　A. 前后都使用单引号　　　　　　　　B. 前后都使用井号（#）

C. 前面使用单引号后面使用双引号　　D. 前面使用双引号后面使用单引号

（2）标识符可以用于变量、函数、对象等的命名，以下标识符使用正确的是（　　　）。

  A. 100abc   B. data1   C. for   D. _@777

（3）在字符变量 p = 'Python'中提取字符'ho'，以下索引使用正确的是（　　　）。

  A. p[3: 5]   B. p[−2: −1] C. p[4: 6]   D. p[3, 5]

（4）实现输出'hello, world! '，下列对字符串拼接有误的是（　　　）。

  A. 'hello, ' + 'world! '   B. 'hello' + ', ' + 'world! '

  C. 'hello, ' + 'world' + '!'   D. 'hello, 'world! '

（5）下面关于赋值运算符的说法错误的是（　　　）。

  A. a += b 等效于 a=a + b   B. 未定义的变量可以使用特殊赋值运算符

  C. 赋值运算符可用于变量的更新 D. 所有的赋值运算符都含有=

（6）下面不属于按位运算符的是（　　　）。

  A. | B. &   C. and   D. ^

（7）以下运算符优先级最高的是（　　　）。

  A. *   B. >>   C. &   D. !=

（8）与关系表达式 z == 0 等价的表达式是（　　　）。

  A. not z   B. z   C. z = 0   D. z != 1

（9）以下不合法的表达式是（　　　）。

  A. x in [1, 3, 5, 7, 9]   B. b < 3 and 5 == a

  C. x + 2 > 3   D. 6 = c

（10）在直角坐标系中，x、y 是坐标系中任意点的位置，用 x、y 表示第一象限或第三象限的 Python 表达式为（　　　）。

  A. x>0 or x<0 and y>0 or y<0 B. x>0 and y>0 or x<0 and y<0

  C. x>0 and y>0 or x>0 and y<0 D. x<0 and y>0 or x>0 and y<0

2. 操作题

（1）利用 Python 算术运算符将一个三位数 279 反向输出。

（2）现有 5 个数 269、621、182、537、366，计算这 5 个数的平均值并判断平均值是否在区间(300,400]上。

（3）仅使用 Python 基本语法，即不使用任何模块，编写 Python 程序计算数学表达式(2-4)的结果并输出，保留小数点后 3 位。

$$x = \frac{3^4 + 5 \times 6^7}{8} \tag{2-4}$$

第 ❸ 章 Python 数据结构

第 2 章介绍了 Python 的两种基础数据类型——数值型和字符型,要实现 Python 更复杂、更强大的功能,仅靠这两种数据类型是不够的,还需要数据结构的支撑。本章将介绍 Python 的一些基础数据结构及其各自的特性和常用基本操作等。

学习目标

(1)了解 Python 数据结构类型,并区分可变数据类型与不可变数据类型。
(2)掌握列表的创建及增、删、改、查等常用操作。
(3)掌握元组与列表的区别。
(4)掌握元组的创建及取值操作。
(5)掌握字典的创建及增、删、改、查等常用操作。
(6)掌握集合的创建及集合运算方法。

03 Python
数据结构

思维导图

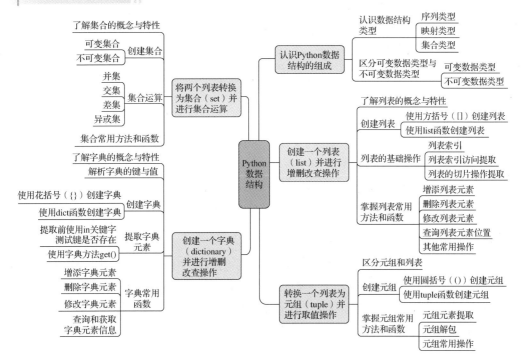

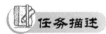 **任务 3.1** 认识 Python 数据结构的组成

任务描述

Python 有 4 个内建的数据结构，它们可以统称为容器（Container），因为它们实际上是由一些"东西"组合而成的结构。这些"东西"可以是数字、字符甚至列表，或是它们的组合。在介绍各种数据结构的具体内容之前，本节将先介绍 Python 数据结构的组成方式和区分可变数据类型与不可变数据类型的方法。

任务分析

认识 Python 数据结构主要分为以下两个部分进行。

（1）认识序列（如列表和元组）、映射（如字典）和集合 3 种基本的数据结构类型。

（2）掌握可变数据类型和不可变数据类型的区别。

3.1.1　认识数据结构类型

Python 中的数据结构是根据某种方式将数据元素组合起来形成的一个数据元素集合，其中主要包含序列（如列表和元组）、映射（如字典）和集合 3 种基本的数据结构类型，如图 3-1 所示。几乎所有的 Python 数据结构都可以归结为这 3 种数据结构类型。

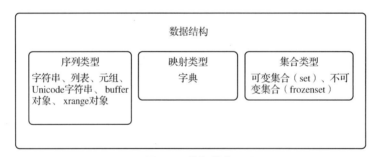

图 3-1　数据结构

1. 序列类型

序列是数据结构对象的有序排列，数据结构对象作为序列的元素都会被分配一个位置编号（也称为索引），序列相当于数学中数列的概念。Python 中的序列类型数据结构包括字符串（string）、列表（list）、元组（tuple）、Unicode 字符串、buffer 对象、xrange 对象等，其中字符串、列表和元组最为常用。

2. 映射类型

映射类型是存储了对象与对象之间的映射关系的数据结构类型。Python 中唯一的映射类型数据结构是字典（dictionary），字典中的每个元素都存在相应的名称（称为键）与之一一对应。字典相当于带有各自名称的元素组成的集合。与序列类型数据结构不同的是，字典中的元素并没有排列顺序。

3. 集合类型

除了上述基本数据结构类型外，Python 还提供了集合类型的数据结构。集合当中的元素不能重复出现，即集合中的元素是相对唯一的，并且元素不存在排列顺序。由此可以看出，Python 中的集合概念相当于数学中的集合概念。集合类型包括可变集合（set）与不可变集合（frozenset）数据结构。

3.1.2　区分可变数据类型与不可变数据类型

在 Python 中，还有两个比较重要的关于数据结构的概念，即可变数据类型与不可变数据类型。

1. 可变数据类型

通过可变数据类型，可以直接对数据结构对象的内容进行修改（并非重新对对象进行赋值操作），即可对数据结构对象进行元素的赋值修改、删除或增加等操作。因为可变数据类型对象能直接对自身进行修改，所以修改后的新结果仍与原对象引用同一个 id 地址。Python 中比较重要的可变数据类型包括列表、字典、可变集合等。

2. 不可变数据类型

与可变数据类型不同，不可变数据类型不能对数据结构对象的内容进行修改操作，不可对对象中的元素进行增加、删除和赋值修改。如果需要对对象进行内容修改，那么需要对其变量进行重新赋值，赋值操作会把变量指向一个新对象，新旧对象两者引用两个不同的 id 地址。常用的不可变数据类型包括数字、字符串、元组、不可变集合等。

任务 3.2　创建一个列表（list）并进行增删改查操作

📖 任务描述

在列表[110, 'dog', 'cat', 120, 'apple']中关于动物的字符串之间插入一个空列表，并删除关于水果的字符串，同时查找出列表中的数值并使其增大为原来的 10 倍。

📖 任务分析

通过以下步骤完成上述任务。

（1）创建一个列表对象[110, 'dog', 'cat', 120, 'apple']。

（2）在字符串"dog"和"cat"之间插入空列表。

（3）删除列表中的"apple"字符串。

（4）分别查找出列表中的数值 110、120。

（5）对查找出来的数值 110 和 120 以 10 为乘数做自乘运算操作。

（6）输出列表对象，确认以上操作是否完成。

3.2.1 了解列表的概念与特性

列表（list）是 Python 对象作为其元素并按顺序排列构成的有序集合，列表中的每个元素都有各自的位置编号，称为索引。列表当中的元素可以是各种类型的对象，无论是数字、字符串、元组、字典，还是列表类型对象，都可以作为列表当中的一个元素。此外，列表当中的元素可以重复出现。要注意的是，列表是可变数据类型，因此可以对列表对象内容进行修改，即对列表可进行增添、删除、修改元素等操作。

3.2.2 创建列表

使用 Python 可以轻松地创建一个列表对象，只需将列表元素传入特定的格式或函数中即可实现。常用的创建列表的方法有两种，一种是使用方括号（[]）进行创建，另一种是使用 list 函数进行创建。

1. 使用方括号（[]）创建列表

使用方括号（[]）创建列表只需要把所需的列表元素以逗号隔开，并用方括号（[]）将其括起来即可。当使用方括号（[]）而不传入任何元素时，创建的是一个空列表。Python 的列表中允许包括任意类型的对象，其中也包括列表对象，这说明可以创建嵌套列表。使用方括号（[]）创建列表的示例如代码 3-1 所示。

代码 3-1　使用方括号（[]）创建列表

```
>>> # 创建包含混合数据类型的嵌套列表
>>> mylist1 = [1, 2.0, ['three', 'four', 5], 6.5, True]
>>> print(mylist1)  # 查看列表内容
[1, 2.0, ['three', 'four', 5], 6.5, True]
>>> empty_list = []  # 创建空列表
>>> print(empty_list)
[]
```

2. 使用 list 函数创建列表

在 Python 中，list 函数的作用实质上是将传入的数据结构对象转换成列表类型对象。例如，向函数传入一个元组对象，就会将对象从元组类型转换为列表类型。由于其返回的是一个列表对象，因此可以将其看作创建列表的一个方法，使用时可以用圆括号或方括号把元素按顺序括起来，元素之间以逗号隔开，并传入函数当中。如果不传入任何对象到 list 函数中，那么将会创建一个空列表。使用 list 函数创建列表对象的示例如代码 3-2 所示。

代码 3-2　使用 list 函数创建列表

```
>>> # 向 list 函数传入一个对象
>>> mylist1 = list((1, 2.0, ['three', 'four', 5], 6.5, True))
>>> print(mylist1)
```

```
[1, 2.0, ['three', 'four', 5], 6.5, True]
>>> print(type(mylist1))  # 查看对象类型
<class 'list'>
>>> empty_list = list()  # 创建空列表
>>> print(empty_list)
[]
>>> mylist2 = list(['one', 'two', 'three'])  # 向 list 函数传入一个列表对象
>>> print(mylist2)
['one', 'two', 'three']
```

代码 3-2 的 mylist1 变量——用圆括号括起来的数据结构集合是本书 3.3 节将要介绍的元组对象。

list 函数实际上是将传入对象转换为列表类型，如果将字符串传入函数，那么 list 函数会将字符串中的每个字符元素作为一个列表元素，然后将这些元素放入一个列表，类似于字符串被"拆开"成一个个字符，如代码 3-3 所示。

代码 3-3　字符串传入 list 函数

```
>>> print(list('hello world!'))  # 向 list 函数传入一个字符串
['h', 'e', 'l', 'l', 'o', ' ', 'w', 'o', 'r', 'l', 'd', '!']
```

3.2.3　列表的基础操作

1. 列表索引

序列类型的数据结构都可以通过索引和切片操作对元素进行提取，字符串、列表和元组都属于序列类型，因此，对列表元素的提取方法与第 2 章介绍的字符串的提取方法一样。列表的索引也是从 0 开始，以 1 为步长逐渐递增的，这种索引的定义方式或许与日常生活中我们所理解的有所出入，这里建议读者可以尝试将索引理解为元素相对于第一个元素位置的偏移量。例如，第一个元素的位置偏移量是 0，故其索引为 0；第二个元素的位置偏移量是 1，所以索引为 1；其他元素以此类推。列表的负索引概念与字符串一样，也是按从右到左的方向标记元素，最右边元素的负索引为–1，然后向左依次为–2、–3 等。

类似于字符串，列表元素的提取方法有两种，索引访问提取和列表切片操作提取。其中，索引访问提取仅返回一个索引对应的元素，而列表切片操作则会返回列表中对应的子列表。

2. 列表索引访问提取

为了提取列表中的某个元素，可以在列表对象后面紧接方括号（[]）来包括索引，这样即可提取出列表中指定索引对应的元素。序列的索引访问提取具体格式为 sequence_name[index]，即序列对象[索引]。由于 Python 允许传入负索引并进行元素提取，因此可以很方便地从列表尾端提取元素。索引访问提取列表元素的示例如代码 3-4 所示。

代码 3-4 列表索引访问提取

```
>>> mylist3 = ['Sunday', 'Monday', 'Tuesday',
...           'Wednesday', 'Thursday', 'Friday']
>>> print(mylist3[1])  # 提取列表中第 2 个元素
'Monday'
>>> print(mylist3[-3])  # 提取列表中倒数第 3 个元素
'Wednesday'
```

注意，当传入的索引超出列表负索引或正索引范围时，即小于第 1 个元素的负索引或大于最后一个元素的正索引，Python 将会返回一个错误，如代码 3-5 所示。

代码 3-5 索引错误示例

```
>>> print(mylist3[7])  # 传入的索引大于最后一个元素的正索引
IndexError: list index out of range
>>> print(mylist3[-10])  # 传入的索引小于第 1 个元素的负索引
IndexError: list index out of range
```

3. 列表的切片操作提取

通常对列表进行处理的时候，除了需要提取其中某个元素外，还可能需要提取列表中的子列表元素，这就需要通过列表的切片操作来完成。在进行切片操作时，只需要传入所提取子序列起始元素的索引、终止元素的索引，以及提取步长值，此时得到的序列切片将包含从起始元素开始，以提取步长为间隔，到终止元素之前的所有元素。这里需要注意，切片操作在取到终止元素索引为止，但并不包含终止元素，相当于数学中的半开半闭区间。具体切片操作格式为 sequence_name[start:end:step]，即序列对象[起始元素:终止元素:步长值]。

在切片操作格式当中，省略步长值时，默认步长值为 1，此时格式中的第 2 个冒号可以省略。当步长值为正数时，表示切片从左往右提取元素，一般需要起始元素位置小于终止元素位置；若步长值为负数，则表示从右往左提取，此时起始元素位置应该大于终止元素位置。Python 步长值为 0 时将会报错，因为搜索元素时"一步都不迈出去"毫无意义。列表切片操作提取列表元素的示例如代码 3-6 所示。

代码 3-6 列表切片操作提取

```
>>> # 步长为正数时的切片操作
>>> mylist4 = [10, 20, 30, 40, 50, 60, 70, 80, 90, 100]
>>> print(mylist4[2:7])  # 提取第 3～7 个元素
[30, 40, 50, 60, 70]
>>> print(mylist4[1:9:2])  # 提取第 2～10 个元素之间的元素，步长为 2
[20, 40, 60, 80]
>>> # 步长为负数时的切片操作
```

```
>>> print(mylist4[-2:-8:-2])  # 提取倒数第 2～倒数第 8 个元素之间的元素，步长为 2
[90, 70, 50]
>>> print(mylist4[1:4:0])  # 步长为 0 时将会报错
ValueError: slice step cannot be zero
```

除了步长值可以省略以外，还可以省略格式中的起始索引和终止索引，但第 1 个冒号必须存在。若只省略起始索引，切片操作会默认使用开头或结尾的索引（0 或-1，视具体提取方向而定），即从序列开头或结尾开始提取元素；若只省略终止索引，切片操作会从起始索引开始，按提取方向搜索到序列一端的最后一个元素，这时切片操作会包含那一端最后一个元素，类似于数学中的闭区间；若两者同时省略，切片操作就会从某端开始对全体元素进行搜索提取（从哪端开始视具体提取方向而定）。这里有一个小技巧：使用切片操作 list_name[::-1] 可以将列表反转。其实这里就是从列表右端开始，进行逐个元素提取，直至提取完所有元素。应用示例如代码 3-7 所示。

代码 3-7　列表切片操作省略参数的应用示例

```
>>> # 省略起始索引
>>> print(mylist4[:-7:-2])  # 提取从结尾向左到倒数第 7 个元素间的元素，步长为 2
[100, 80, 60]
>>> # 省略终止索引
>>> print(mylist4[6:])  # 提取从第 7 个元素到列表右端最后一个元素之间的所有元素
[70, 80, 90, 100]
>>> # 同时省略起始和终止索引
>>> print(mylist4[::-2])  # 提取从列表右端开始到左端第 1 个元素之间的全体元素，步长为 2
[100, 80, 60, 40, 20]
>>>print(mylist4[::-1])  # 提取从列表右端开始到左端第 1 个元素之间的全体元素，步长为 1，
即列表反转
[100, 90, 80, 70, 60, 50, 40, 30, 20, 10]
```

与列表索引访问提取方式不同，切片操作无须担心传入的索引超出列表索引范围。如果传入的索引小于列表第 1 个元素的负索引，切片操作会将其当作 0；如果传入的索引大于列表最后一个元素的正索引，切片操作会将其当作-1。注意，在这种情况下，切片操作包含终止元素。另外，当切片操作从起始索引根据提取方向无法到达终止索引时，Python 将返回一个空列表。具体应用示例如代码 3-8 所示。

代码 3-8　切片操作特殊传入索引处理示例

```
>>> print(mylist4[3:100:2])  # 提取从第 4 个元素到列表右端最后一个元素之间的全体元素，
步长为 2
[40, 60, 80, 100]
>>> print(mylist4[-5:-20:-1])  # 提取从倒数第 5 个元素到列表左端第一个元素之间的全体元
素，步长为 1
```

```
[60, 50, 40, 30, 20, 10]
>>> print(mylist4[6:2])   # 提取从第 7 个元素向右到第 3 个元素之间的所有元素
[]
```

3.2.4 掌握列表常用方法和函数

Python 的列表类型包含丰富灵活的列表方法，而且 Python 中也有很多函数支持对列表对象进行操作，可以对列表对象进行更复杂的处理。一般常用的处理包括对列表对象进行元素的增添、删除、修改、查询等。

1. 增添列表元素

使用列表方法 append()、extend()和 insert()向列表对象中增添元素，这 3 种方法各有特点。

（1）append()

使用 append()方法传入需要添加到列表对象的一个元素，该元素会被追加到列表尾部，如代码 3-9 所示。注意，append()方法一次只能追加一个元素。

代码 3-9　append()方法追加一个元素

```
>>> month = ['January', 'February', 'March', 'April', 'May', 'June']
>>> month.append('July')   # 使用 append()方法向列表尾部追加元素
>>> print(month)   # 查看列表内容
['January', 'February', 'March', 'April', 'May', 'June', 'July']
```

（2）extend()

使用 extend()方法能够将另一个列表添加到指定列表末尾，相当于两个列表拼接。类似于字符串拼接，两个列表对象也可以通过加号（+）进行拼接，而且 extend()方法得到的效果与使用自增运算（+=）相同，如代码 3-10 所示。

代码 3-10　extend()方法追加多个元素

```
>>> month_copy = month.copy()   # 创建一个列表对象 month 的副本，用于对比 extend()方法与自增运算的效果
>>> print(month_copy)
['January', 'February', 'March', 'April', 'May', 'June', 'July']
>>> others = ['August', 'September', 'November', 'December']
>>> month.extend(others)   # 使用 extend()方法将两个列表进行拼接
>>> print(month)
['January', 'February', 'March', 'April', 'May', 'June', 'July', 'August',
'September', 'November', 'December']
>>> month_copy += others   # 对副本进行自增运算
>>> print(month_copy)
['January', 'February', 'March', 'April', 'May', 'June', 'July', 'August',
'September', 'November', 'December']
```

（3）insert()

类似于append()方法，使用insert()方法也能够向列表中添加一个元素。不同的是，insert()方法可以指定添加位置，类似于在列表某个位置插入一个元素。只要向 insert()方法中传入插入位置和要插入的元素，即可在列表的相应位置添加指定的元素。若插入位置超出列表尾端，则元素会被置于列表最后，这相当于 append()方法的效果。insert()方法插入元素示例如代码 3-11 所示。

代码 3-11　insert()方法插入元素

```
>>> month.insert(9, 'October')  # 在列表第 10 个位置上插入元素
>>> print(month)
['January', 'February', 'March', 'April', 'May', 'June', 'July', 'August',
'September', 'October', 'November', 'December']
>>> month.insert(20, 'None')  # 插入位置超出列表尾端
>>> print(month)
['January', 'February', 'March', 'April', 'May', 'June', 'July', 'August',
'September', 'October', 'November', 'December', 'None']
```

2. 删除列表元素

代码 3-11 中的列表对象 month 包含了一个与其他元素格格不入的元素 "None"，为了让 month 只包含表示月份的字符串，需要把元素 "None" 从列表中删除，具体方法如下。

（1）使用 del 语句删除列表元素

在 Python 中，使用 del 语句可以将对象删除。实质上 del 语句是赋值语句（＝）的逆过程。如果将赋值语句看作 "向对象贴变量名标签"，那么 del 语句就是 "将对象上的标签撕下来"，即将一个对象与它的变量名进行分离。使用 del 语句可以将从列表中提取出的元素删除，如代码 3-12 所示。

代码 3-12　使用 del 语句删除元素

```
>>> month_copy = month.copy()  # 创建一个列表对象 month 的副本
>>> del month_copy[-1]  # 删除副本中的最后一个元素
>>> print(month_copy)
['January', 'February', 'March', 'April', 'May', 'June', 'July', 'August',
'September', 'October', 'November', 'December']
```

（2）使用 pop()方法删除列表元素

利用元素位置可以对元素进行删除操作。将元素索引传入 pop()方法中，将会获取对应元素，并将其在列表中删除，相当于把列表中的元素抽离出来。若不指定元素位置，pop()方法将默认使用索引-1。使用 pop()方法删除元素的示例如代码 3-13 所示。

代码 3-13　使用 pop()方法删除元素

```
>>> month_copy = month.copy()  # 创建一个列表对象 month 的副本
>>> print(month_copy.pop(3))  # 获取并删除第 4 个元素
'April'
>>> del_element = month_copy.pop()  # 将最后一个元素赋值给一个变量并在副本中删除
>>> print(del_element)  # 查看删除元素
'None'
>>> print(month_copy)  # 查看副本
['January', 'February', 'March', 'May', 'June', 'July', 'August', 'September',
'October', 'November', 'December']
```

（3）使用 remove()方法删除列表元素

除了利用元素位置进行元素删除外，还可以对指定元素进行删除。将指定元素传入 remove()方法，则列表中第一次出现的该元素将会被删除，如代码 3-14 所示。

代码 3-14　使用 remove()方法删除元素

```
>>> month.remove('None')  # 删除列表中的元素'None'
>>> print(month)
['January', 'February', 'March', 'April', 'May', 'June', 'July', 'August',
'September', 'October', 'November', 'December']
```

3. 修改列表元素

列表对象 month 现在已经包含 12 个月的英文字符串，若觉得这些字符串显得过长，可以将月份变为缩写形式，这时需要对列表元素进行修改。

由于列表是可变的，修改列表元素最简单的方法是提取相应元素并进行赋值操作，如代码 3-15 所示。

代码 3-15　修改列表元素

```
>>> month[0] = 'Jan'  # 将第 1 个元素改为缩写形式
>>> print(month)
['Jan', 'February', 'March', 'April', 'May', 'June', 'July', 'August',
'September', 'October', 'November', 'December']
```

前面方法的处理都是直接作用在列表对象上的，而且会创建一些所谓的"副本"来进行处理，下面解释创建"副本"的理由。

对于可变类型的数据结构，直接在对象上进行元素的增、删、改、查等修改操作，处理结果将直接影响对象本身，如代码 3-16 所示。

代码 3-16　修改操作作用于对象

```
>>> a = [1, 2, 3, 4]  # 变量名 a 指向列表对象[1, 2, 3, 4]
```

```
>>> b = a  # 变量名 b 也指向列表对象[1, 2, 3, 4]
>>> a.append(5)  # 列表尾端追加元素 5
>>> print(a)
[1, 2, 3, 4, 5]
>>> print(b)  # 通过变量名 b 查看列表
[1, 2, 3, 4, 5]
```

代码 3-16 展示了修改操作会直接作用在对象上，列表对象有 a 和 b 两个变量名，通过变量名 a 对列表对象进行修改，此时列表对象的内容发生改变，无论是通过变量名 a 还是变量名 b 来查看列表对象，结果都是一样的。如果不希望修改操作直接作用于列表对象本身，那么可以使用列表的 copy() 方法创建一个完全一样的"副本"，将修改操作作用在"副本"上，如此，列表本身就不会发生变化。实质上，这个"副本"已经是另一个列表对象，只是内容与原列表对象完全相同而已。除了 copy() 方法外，使用切片操作和 list 函数也能达到同样的效果，如代码 3-17 所示。

代码 3-17　创建"副本"执行修改操作

```
>>> a = [10, 20, 30, 40, 50]
>>> b = a.copy()  # 使用 copy() 方法创建副本
>>> c = a[:]  # 使用切片操作创建副本
>>> d = list(a)  # 使用 list 函数创建副本
>>> print(id(a), id(b), id(c), id(d))  # 查看各变量对象 id
2617832796104, 2617832795848, 2617832794568, 2617832795592
>>> b[2] = 'three'  # 修改副本第 3 个元素
>>> print(b)
[10, 20, 'three', 40, 50]
>>> print(a)  # 原列表并没有发生变化
[10, 20, 30, 40, 50]
>>> print(c)
[10, 20, 30, 40, 50]
>>> print(d)
[10, 20, 30, 40, 50]
```

4. 查询列表元素位置

元素查询也是对列表进行处理的重要操作，可以利用列表方法 index() 来查询指定元素在列表中第 1 次出现的位置索引。若列表不包含指定元素，则会出现错误提示。对于判断列表是否包含某个元素，可以使用 Python 中的 in 关键字，具体格式为"元素 in 列表对象"。若元素至少在列表中出现过一次，则返回 True，否则返回 False。index() 方法和 in 关键字的应用示例如代码 3-18 所示。

代码 3-18　查询列表元素位置

```
>>> letter = ['A', 'B', 'A', 'C', 'B', 'B', 'C', 'A']
>>> print(letter.index('C'))  # 查询元素 "C" 在列表中第 1 次出现的位置
3
>>> # 使用 in 关键字判断列表是否包含元素 "C"
>>> print('A' in letter)
True
```

5. 其他常用操作

以上是关于列表的重要的常用处理方法，是熟练掌握列表类型数据结构的重要基础。列表的操作和应用非常丰富，可以实现更加高级复杂的处理，有兴趣的读者可以查阅相关资料进行深入学习。下面再介绍其他几个比较常用的列表操作，如表 3-1 所示。

表 3-1　列表常用操作

操作名/运算符	说　　明
list.count()方法	记录某个元素在列表中出现的次数
list.sort()方法	对列表中的元素进行排序，默认为升序，可以通过设置参数 reverse=True 进行降序排列。结果会改变原列表内容
sorted 函数	与 list.sort 作用一样，但不改变原列表内容
list.reverse()方法	反转列表中的各元素
len 函数	获得列表长度，即元素个数
+	将两个列表合并为一个列表
*	重复合并同一个列表多次

表 3-1 中列举的操作的应用示例如代码 3-19 所示。

代码 3-19　列表常用操作

```
>>> # 使用 count()方法进行元素计数
>>> letter = ['B', 'A', 'C', 'D', 'A', 'C', 'D', 'A']
>>> print(letter.count('A'))  # 获取元素'A'在列表中出现的次数
3
>>> # 使用 sort()函数和 sorted 方法对列表进行排序
>>> print(sorted(letter))  # 使用 sorted 函数对列表进行排序，不改变原列表内容
['A', 'A', 'A', 'B', 'C', 'C', 'D', 'D']
>>> print(letter)
['B', 'A', 'C', 'D', 'A', 'C', 'D', 'A']
>>> letter.sort()  # 使用 sort()方法对列表进行排序，改变原列表内容
```

```
>>> print(letter)
['A', 'A', 'A', 'B', 'C', 'C', 'D', 'D']
>>> letter.sort(reverse=True)  # 对列表进行降序排列
>>> print(letter)
['D', 'D', 'C', 'C', 'B', 'A', 'A', 'A']
>>> # 使用reverse()方法反转列表
>>> season = ['spring', 'summer', 'autumn', 'winter']
>>> season.reverse()  # 反转列表
>>> print(season)
['winter', 'autumn', 'summer', 'spring']
>>> # 使用len函数获取列表长度
>>> print(len(season))
4
>>> # 使用列表加法合并两个列表
>>> print([1,2,3]+[4,5,6])
[1, 2, 3, 4, 5, 6]
>>> # 使用列表乘法重复合并列表
>>> print([10,20,30,40]*3)
[10, 20, 30, 40, 10, 20, 30, 40, 10, 20, 30, 40]
```

3.2.5 任务实现

根据任务分析，本任务的具体实现过程可以参考以下操作。

（1）使用方括号（[]）创建列表对象[110, 'dog', 'cat', 120, 'apple']。

（2）使用 insert()方法在元素之间插入空列表。

（3）使用 remove()方法删除字符串元素 "apple"。

（4）使用 index()方法查询指定元素位置。

（5）通过索引访问提取数值元素，并用自乘操作进行赋值修改。

（6）使用 print 函数输出修改后的列表内容。

参考代码如任务实现 3-1 所示。

3.2 创建一个列表（list）并进行增删改查操作

任务实现 3-1

```
# -*-coding:utf-8-*-

task_list = [110, 'dog', 'cat', 120, 'apple'] # 创建列表对象
task_list.insert(2, [])  # 插入空列表
task_list.remove('apple')  # 删除元素
num_index = task_list.index(110)  # 查询元素位置
task_list[num_index] *= 10  # 将查询出来的元素进行自乘运算，并赋值修改
```

```
num_index = task_list.index(120)
task_list[num_index] *= 10
print(task_list)  # 查看修改后的列表对象
```

任务 3.3 转换一个列表为元组（tuple）并进行取值操作

任务描述

列表和元组都是序列结构，它们本身相似，但又有不同的地方。将列表['pen', 'paper', 10, False, 2.5]转换为元组类型，并提取出当中的布尔值。

任务分析

通过以下步骤完成上述任务。

（1）使用方括号创建列表['pen', 'paper', 10, False, 2.5]，并赋值给变量。

（2）查看变量的数据类型。

（3）将变量转换成元组类型。

（4）查看变量的数据类型，确定是否已转换为元组。

（5）查询元组中元素"False"的位置。

（6）根据获得的位置提取元素。

3.3.1 区分元组和列表

在前面介绍列表的过程中，已经简要介绍过元组类型数据结构。元组与列表非常相似，都是有序元素的集合，并且可以包含任意类型元素。不同的是，元组是不可变的，这说明元组一旦创建后就不能被修改，即不能对元组对象中的元素进行赋值修改、增加、删除等操作。列表的可变性可能更方便于处理复杂问题，如更新动态数据等，但很多时候我们不希望某些处理过程修改对象内容，如敏感数据，这时就需要用到元组的不可变性。

3.3.2 创建元组

类似于列表，创建元组只需传入有序元素即可，常用的元组创建方法有使用圆括号（()）创建和使用 tuple 函数创建。

1. 使用圆括号（()）创建元组

使用圆括号将有序元素括起来，并用逗号隔开，即可创建元组。注意，这里的逗号是必须存在的，即使元组当中只有一个元素，其后也需要有逗号。在 Python 中定义元组的关键是元组当中的逗号，圆括号都可以省略，当输出元组时，Python 会自动加上一对圆括号。同样，如果不向圆括号中传入任何元素，那么会创建一个空元组。使用圆括号创建元组的示例如代码 3-20 所示。

代码 3-20　使用圆括号（()）创建元组

```
>>> # 使用圆括号()创建元组
>>> mytuple1 = (1, 2.5, ('three', 'four'), [True, 5], False)
>>> print(mytuple1)
(1, 2.5, ('three', 'four'), [True, 5], False)
>>> mytuple2 = 2, True, 'five', 3.5  # 省略圆括号
>>> print(mytuple2)  # 结果自动加上圆括号
(2, True, 'five', 3.5)
>>> empty_tuple = ()  # 创建空元组
>>> print(empty_tuple)
()
```

2. 使用 tuple 函数创建元组

tuple 函数能够将其他数据结构对象转换成元组类型。先创建一个列表，再将列表传入 tuple 函数中转换成元组，即可实现元组创建。

使用 tuple 函数对代码 3-20 中的元组对象进行再次创建，如代码 3-21 所示。注意，在 tuple 函数中传入元组需要加上圆括号。

代码 3-21　使用 tuple 函数创建元组

```
>>> # 使用tuple函数将列表转换为元组
>>> mytuple1 = tuple([1, 2.5, ('three', 'four'), [True, 5], False])
>>> print(mytuple1)
(1, 2.5, ('three', 'four'), [True, 5], False)
>>> mytuple2 = tuple((2, True, 'five', 3.5))
>>> print(mytuple2)
(2, True, 'five', 3.5)
>>> empty_tuple = tuple()
>>> print(empty_tuple)
()
```

通过代码 3-20 和代码 3-21 可知，创建元组与创建列表的方法极其类似，只是元组使用圆括号来包括元素，而列表使用方括号。

3.3.3　掌握元组常用方法和函数

元组是不可变的，类似对列表元素的增添、删除、修改等处理都不能作用在元组对象上，但元组属于序列类型数据结构，因此可以在元组对象上进行元素索引访问提取和切片操作。特别情况是，对元组元素的提取可以使用元组解包简化赋值操作。

1. 元组元素提取

利用序列的索引进行访问提取和切片操作，可以提取元组中的元素和切片。

（1）元组索引访问提取

与列表索引访问提取元素一样，只要传入元素索引，就能够获得对应元素。同样，若传入的索引超出元组索引范围，结果会返回一个错误，如代码 3-22 所示。

代码 3-22　元组索引访问提取

```
>>> mytuple3 = ('China', 'America', 'England', 'France')
>>> print(mytuple3[0])  # 提取元组第 1 个元素
'China'
>>> print(mytuple3[10])  # 传入的索引超出元组索引范围
IndexError: tuple index out of range
```

（2）元组切片操作提取

通过类似于列表的切片操作也可以获取元组的切片，并且无须考虑超出索引范围的问题，如代码 3-23 所示。

代码 3-23　元组切片操作提取

```
>>> print(mytuple3[-2::-1])  # 提取元组倒数第 2 个元素到左端第一个元素之间的所有元素
('England', 'America', 'China')
>>> print(mytuple3[1:10])  # 超出元素索引范围
('America', 'England', 'France')
```

2. 元组解包

将元组中的各个元素赋值给多个不同变量的操作通常称为元组解包，其使用格式为obj_1,obj_2,…,obj_n=tuple。由于创建元组时可以省略圆括号，因此元组解包可以看成是多条赋值语句的集合。可见，Python 在赋值操作上的处理非常灵活，一句简单的元组解包代码即可实现多条赋值语句的功能，如代码 3-24 所示。

代码 3-24　元组解包

```
>>> A, B, C, D = mytuple3  # 利用元组解包给多个变量赋值
>>> print(A)
China
>>> print(C)
England
>>> x, y, z = 1, True, 'one'
>>> print(x)
1
>>> print(z)
'one'
```

3. 元组常用操作

相比于列表，由于元组无法修改元素，因此元组可进行的操作相对较少，但仍然能够对元组进行元素位置查询等操作。下面再介绍其他几个比较常用的元组操作，如表 3-2 所示。

表 3-2 元组常用操作

操作名/运算符	说 明
tuple.count()方法	记录某个元素在元组中出现的次数
tuple.index()方法	获取元素在元组中第 1 次出现的位置索引
sorted 函数	创建对元素进行排序后的列表
len 函数	获取元组长度，即元组元素个数
+	将两个元组合并为一个元组
*	重复合并同一个元组为一个更长的元组

表 3-2 给出的操作的应用示例如代码 3-25 所示。

代码 3-25 元组常用操作

```
>>> # 使用 count()方法进行元素计数
>>> mytuple4 = ('A', 'D', 'C', 'A', 'C', 'B', 'B', 'A')
>>> print(mytuple4.count('B'))
2
>>> # 使用 index()方法获取元素在元组中第一次出现的位置索引
>>> print(mytuple4.index('C'))
2
>>> # 使用 sorted 函数对元组元素进行排序
>>> print(sorted(mytuple4))
['A', 'A', 'A', 'B', 'B', 'C', 'C', 'D']
>>> # 使用 len 函数获取元组长度
>>> print(len(mytuple4))
8
>>> # 使用元组加法合并两个元组
>>> print((1, 2, 3) + (4, 5, 6))
(1, 2, 3, 4, 5, 6)
>>> # 使用元组乘法重复合并元组
>>> print((10,20,30,40) * 3)
(10, 20, 30, 40, 10, 20, 30, 40, 10, 20, 30, 40)
```

3.3.4　任务实现

根据任务分析，本任务的具体实现过程可以参考以下操作。

（1）使用方括号创建列表对象['pen', 'paper', 10, False, 2.5]，并赋值给变量。

（2）使用 type 函数查看此时变量的数据类型。

（3）使用 tuple 函数将变量转换成元组类型。

（4）再次使用 type 函数确定是否转换成功。

（5）使用元组方法 index() 查询元素 "False" 的位置索引。

（6）提取元素 "False" 并将其输出。

参考代码如任务实现 3-2 所示。

3.3　转换一个列表
为元组（tuple）
并进行取值操作

任务实现 3-2

```
# -*-coding:utf-8-*-

task_tuple = ['pen', 'paper', 10, False, 2.5]
print(type(task_tuple))
task_tuple = tuple(task_tuple)   # 转换列表对象为元组类型
print(type(task_tuple))   # 查看对象的数据类型
Index = task_tuple.index(False)   # 查询元素位置索引
Extract_data = task_tuple[Index]   # 提取元组元素
print(extract_data)   # 查看提取元素
```

任务 3.4　创建一个字典（dictionary）并进行增删改查操作

任务描述

创建一个字典{'Math': 96, 'English': 86, 'Chinese': 95.5, 'Biology': 86, 'Physics': None}，代表某学生一些学科的考试成绩，向字典中添加历史成绩（88 分），并删除没有成绩的科目，然后将字典中的成绩四舍五入取整，最后查看该学生的数学成绩。

任务分析

通过以下步骤可完成上述任务。

（1）创建字典{'Math':96, 'English':86, 'Chinese':95.5, 'Biology':86, 'Physics':None}。

（2）在字典当中添加键值对{'History':88}。

（3）删除{'Physics':None}键值对。

（4）将键 "Chinese" 所对应的值 95.5 进行四舍五入取整。

（5）查询键 "Math" 的对应值。

3.4.1　了解字典的概念与特性

在多数情况下，数据对应的元素之间的顺序是无关紧要的，因为各元素都具有特别的意义，如存储一些朋友的手机号码，此时用序列来存储数据并不是一个好的选择，Python 提供了一个很好的解决方案——使用字典数据类型。

在 Python 中，字典是属于映射类型的数据结构。字典包含以任意类型的数据结构作为元素的集合，同时各元素都具有与之对应且唯一的键，字典主要通过键来访问与键对应的元素。字典与列表、元组有所不同，后两者使用索引来对应元素，而字典的元素都拥有各自的键，每个键值对都可以看成一个映射对应关系。此外，元素在字典中没有严格的顺序关系。由于字典是可变的，因此可以对字典对象进行元素的增、删、改、查等基本操作。

3.4.2　解析字典的键与值

字典中的每个元素都具有对应的键，元素就是键所对应的值，键与值共同构成一个映射关系，即键→值，每个键都可以映射到相应的值，类似于身份证号码可以映射到名字。键和值的这种映射关系在 Python 中具体表示为 key:value，键和值之间用冒号隔开，这里称为"键值对"，字典中会包含多组键值对。注意，字典中的键必须使用不可变数据类型的对象，例如数字、字符串、元组等，并且键是不允许重复的；而值则可以是任意类型的，且在字典中可以重复。

3.4.3　创建字典

字典中最关键的信息是含有对应映射关系的键值对，创建字典需要将键和值按规定格式传入特定的符号或函数中。Python 中常用的两种创建字典的基本方法分别是使用花括号（{}）创建和使用函数 dict 创建。

1. 使用花括号（{}）创建字典

只要将字典中的一系列键和值按键值对的格式（key:value，即键:值）传入花括号（{}）中，并以逗号将各键值对隔开，即可实现字典的创建，具体创建格式如下。

```
dict = {key_1:value_1, key_2:value_2, …, key_n:value_n}
```

如果在花括号（{}）中不传入任何键值对，那么将会创建一个空字典。当在花括号（{}）中重复传入相同的键时，因为键在字典中不允许重复，所以字典最终会采用最后出现的重复键的键值对。具体应用示例如代码 3-26 所示。

代码 3-26　使用花括号（{}）创建字典

```
>>> mydict1 = {'myint': 1, 'myfloat': 3.1415, 'mystr': 'name',
...        'myint': 100, 'mytuple': (1, 2, 3), 'mydict': {}}  # 使用花括号创建字典
>>> # 对于重复键，采用最后出现的对应键值对
>>> print(mydict1)
{'myint': 100, 'myfloat': 3.1415, 'mystr': 'name', 'mytuple': (1, 2, 3), 'mydict':
```

```
{}}
>>> empty_dict = {}  # 创建空字典
>>> print(empty_dict)
{}
```

2. 使用 dict 函数创建字典

创建字典的另一种方法就是使用 dict 函数。Python 中 dict 函数的作用实质上主要是将包含双值子序列的序列对象转换为字典类型，其中各双值子序列中的第 1 个元素作为字典的键，第 2 个元素作为键对应的值，即双值子序列中包含了键值对信息。双值子序列实际上就是只包含两个元素的序列。例如，只包含两个元素的列表['name', 'Lily']、元组('age', 18)，以及仅包含两个字符的字符串'ab'等。将字典中键和值对应数据组织成双值子序列，然后将这些双值子序列组成序列，例如，组成元组(['name', 'Lily'], ('age', 18), 'ab')，再传入 dict 函数中，即可将其转换为字典类型，得到字典对象。除了通过转换方式创建字典外，还可以直接向 dict 函数传入键和值进行创建，其中须通过 "=" 将键和值隔开。注意，这种创建方式不允许键重复，否则会返回错误。具体格式如下。

```
dict(key_1=value_1, key_2=value_2, …, key_n=value_n)
```

当不对 dict 函数传入任何内容时，即可创建一个空字典。

使用 dict 函数创建字典的示例如代码 3-27 所示。

代码 3-27　使用 dict 函数创建字典

```
>>> # 使用 dict 函数转换列表对象为字典
>>> mydict1 = dict([('myint', 1), ('myfloat', 3.1415), ('mystr', 'name'),
...               ('myint', 100), ('mytuple', (1, 2, 3)), ('mydict', {})])
>>> print(mydict1)
{'myint': 100, 'myfloat': 3.1415, 'mystr': 'name', 'mytuple': (1, 2, 3), 'mydict':
{}}
>>> mydict2 = dict(zero=0, one=1, two=2)  # 使用 dict 函数创建字典
>>> print(mydict2)
{'zero': 0, 'one': 1, 'two': 2}
>>> empty_dict = dict()  # 创建空字典
>>> print(empty_dict)
{}
```

代码 3-27 涵盖了创建字典的基本方法，并且从中能够看到字典中可以包含各种数据类型对象，字典中的值都可以对应到有具体意义的键，可见字典是一种非常灵活和重要的数据结构。

3.4.4　提取字典元素

与序列类型不同，字典作为映射类型数据结构，并没有索引的概念，也没有切片操作

等处理方法，字典中只有键和值对应起来的映射关系，因此字典元素的提取主要是利用这种映射关系来实现的。通过在字典对象后紧跟方括号（[]）括住指定的键可以提取相应的值，具体使用格式为 dict[key]，即字典[键]。同时应注意，传入的键要存在于字典中，否则会返回一个错误。提取字典元素示例如代码 3-28 所示。

代码 3-28　提取字典元素

```
>>> mydict3 = {'spring': (3, 4, 5), 'summer': (6, 7, 8), 'autumn': (9, 10, 11),
...          .'winter': (12, 1, 2)}
>>> print(mydict3['autumn'])  # 提取键'autumn'对应的值
(9, 10, 11)
>>> print(mydict3['Spring'])  # 提取字典中不存在的键'Spring'所对应的值
KeyError: 'Spring'
```

为避免提取字典元素时出现传入键不存在而导致出错的现象，Python 提供了两种处理方法。

1. 提取前使用 in 关键字测试键是否存在

在传入键之前，尝试检查字典中是否存在要传入的键；如果不存在，就不进行提取操作。这种功能具体可以使用 in 关键字来实现，如代码 3-29 所示。

代码 3-29　使用 in 关键字测试键是否存在

```
>>> print('Spring' in mydict3)  # 使用 in 关键字检查传入的键是否存在
False
```

2. 使用字典方法 get()

字典方法 get()能够灵活地处理元素的提取，向 get()方法传入需要的键和一个代替值即可，无论键是否存在。若只传入键，当键存在于字典中时，函数会返回对应的值；当键不存在时，函数会返回 None，屏幕上什么都不显示。如果同时也传入代替值，当键存在时，将会返回与键对应的值；当键不存在时，则返回传入的代替值，而不是 None。具体应用示例如代码 3-30 所示。

代码 3-30　使用 get()方法提取元素

```
>>> print(mydict3.get('summer'))  # 传入存在的键并返回对应值
(6, 7, 8)
>>> mydict3.get('Spring')  # 仅传入不存在的键，不显示任何东西
>>> print(mydict3.get('Spring'))  # 输出 get()方法返回的结果
None
>>> # 传入不存在的键并返回代替值
>>> print(mydict3.get('Spring', 'Not in this dict'))
'Not in this dict'
```

3.4.5　字典常用函数

在 Python 的内置数据结构当中，列表和字典是最为灵活的数据类型。类似于列表，字典也属于可变数据类型，因此字典也含有丰富且功能强大的函数。下面将介绍如何对字典元素进行增添、删除、修改和查询等最常用的处理。与列表一样，字典中也有 copy()方法，其作用是复制字典内容并创建一个副本对象。由于上述这些字典处理会直接作用在字典对象上，而且各种处理方式包含多种方法，为了能更好地展示各种方法的处理效果，下面的示例将会利用 copy()方法取得副本对象后再进行处理。

1．增添字典元素

直接利用键访问赋值的方式，可以向字典中增添一个元素。如果需要添加多个元素，或将两个字典合并，那么可以使用 update()方法。接下来将具体介绍这两种元素增添的方法。

（1）使用键访问赋值增添元素

利用字典元素提取方法传入一个新的键，并对这个新键进行赋值操作，即 dict_name[newkey] = new_value，字典中会产生新的键值对，这种赋值操作可能会因为键不存在而出现错误，如代码 3-31 所示。

代码 3-31　使用键访问赋值增添元素

```
>>> country = dict(China='Beijing',
...            America='Washington',
...            Britain='London',
...            France='Paris',
...            Canada='Ottawa')   # 使用dict 函数创建字典
>>> country_copy = country.copy()  # 创建一个字典对象副本
>>> country_copy['Russia'] = 'Moscow'  # 增添元素
>>> print(country_copy)
{'China': 'Beijing', 'America': 'Washington', 'Britain': 'London', 'France':
'Paris', 'Canada': 'Ottawa', 'Russia': 'Moscow'}
```

（2）使用 update()方法合并字典

字典方法 update()能将两个字典进行合并,传入字典中的键值对会被复制添加到调用此方法的字典对象中。如果两个字典中存在相同键,那么传入字典中的键所对应的值会替换掉调用 update()方法字典对象中的原有值,实现值更新的效果。具体应用示例如代码 3-32 所示。

代码 3-32　键值对合并

```
>>> others = dict(Australia='Canberra',
...            Japan='tokyo',
...            Canada='OTTAWA')
```

```
>>> country.update(others)   # 使用 update()方法增添多个元素
>>> print(country)
{'China': 'Beijing', 'America': 'Washington', 'Britain': 'London', 'France':
'Paris', 'Canada': 'OTTAWA', 'Australia': 'Canberra', 'Japan': 'tokyo'}
```

2．删除字典元素

使用 del 语句可以删除指定键值对。另外，字典也包含列表中的 pop()方法，只要传入键，即可将对应的键值对从字典中抽离。与列表不同的是，字典中的 pop()方法必须传入参数。如果需要清空字典内容，那么可以使用字典的 clear()方法，结果返回空字典。

（1）使用 del 语句删除字典元素

使用 del 语句删除元素的具体格式为 del dict_name[key]，应用示例如代码 3-33 所示。

代码 3-33　使用 del 语句删除字典元素

```
>>> country_copy = country.copy()
>>> del country_copy['Canada']   # 使用 del 语句删除副本字典中的元素
>>> print(country_copy)
{'China': 'Beijing', 'America': 'Washington', 'Britain': 'London', 'France':
'Paris', 'Australia': 'Canberra', 'Japan': 'tokyo'}
```

（2）使用 pop()方法删除字典元素

如果向 pop()方法传入需要删除的元素的键，那么将会返回对应的值，并在字典当中移除相应的键值对。若将返回的结果赋值给变量，则相当于从字典当中抽离出了值。应用示例如代码 3-34 所示。

代码 3-34　使用 pop()方法删除字典元素

```
>>> old_value = country.pop('Canada')   # 将键对应的值赋值给变量，并删除键值对
>>> print(old_value)
'OTTAWA'
>>> print(country)
{'China': 'Beijing', 'America': 'Washington', 'Britain': 'London', 'France':
'Paris', 'Australia': 'Canberra', 'Japan': 'tokyo'}
```

（3）使用 clear()方法删除字典元素

clear()方法可以删除字典中的所有元素，最终返回一个空字典，如代码 3-35 所示。

代码 3-35　使用 clear()方法删除字典的所有元素

```
>>> country_copy = country.copy()
>>> country_copy.clear()   # 清空副本字典内容
>>> print(country_copy)
{}
```

3. 修改字典元素

现在，字典 country 已经被删除了字母全为大写的值，但发现还有一个值全为小写，为统一字典中各元素的格式，需要对这个值进行修改。

要修改字典中的某个元素，同样可以使用键访问赋值来进行，格式为 dict_name[key] = new_value。由此可见，赋值操作在字典当中非常灵活，无论键是否存在于字典中，所赋予的新值都会覆盖或增添到字典中，这很大程度地方便了对字典对象的处理。具体应用示例如代码 3-36 所示。

代码 3-36　修改字典元素

```
>>> country['Japan'] = 'Tokyo'  # 直接将新值赋值给对应元素
>>> print(country)
{'China': 'Beijing', 'America': 'Washington', 'Britain': 'London', 'France':
'Paris', 'Australia': 'Canberra', 'Japan': 'Tokyo'}
```

4. 查询和获取字典元素信息

在实际应用当中，往往需要查询某个键或值是否存在于字典当中，除了可以使用提取字典元素的方式进行查询外，还可以使用 Python 中的 in 关键字进行判断。字典的方法中有 3 种可以用于提取键值信息。

（1）keys()：用于获取字典中的所有键。

（2）values()：用于获取字典中的所有值。

（3）itmes()：用于获取字典中的所有键值对。

调用 3 种方法返回的结果分别是字典中键、值或键值对的迭代形式，都可以通过 list 函数将返回结果转换为列表类型，同时可以配合 in 关键字的使用，判断值和键值对是否存在于字典中。具体应用示例如代码 3-37 所示。

代码 3-37　提取键值信息

```
>>> # 判断键是否存在于字典中
>>> print('Canada' in country)
False
>>> # 获取所有键
>>> all_keys = country.keys()  # 使用 keys()方法得到全部键
>>> print(all_keys)
dict_keys(['China', 'America', 'Britain', 'France', 'Australia', 'Japan'])
>>> all_values = country.values()  # 使用 values()方法得到全部值
>>> print(all_values)
dict_values(['Beijing', 'Washington', 'London', 'Paris', 'Canberra', 'Tokyo'])
>>> print('Beijing' in all_values)  # 判断值是否存在于字典中
True
```

```
>>> print(list(all_values))  # 将值的迭代形式转换为列表
['Beijing', 'Washington', 'London', 'Paris', 'Canberra', 'Tokyo']
>>> all_items = country.items()  # 使用 items() 方法得到全部键值对
>>> print(all_items)
dict_items([('China', 'Beijing'), ('America', 'Washington'), ('Britain',
'London'), ('France','Paris'),('Australia','Canberra'),('Japan','Tokyo')])
>>> print(('America', 'Washington') in all_items)  # 判断键值对是否存在于字典中
True
>>> print(list(all_items))  # 将键值对的迭代形式转换为列表
[('China', 'Beijing'), ('America', 'Washington'), ('Britain', 'London'),
('France', 'Paris'), ('Australia', 'Canberra'), ('Japan', 'Tokyo')]
```

　　代码 3-37 展示了常用的字典处理方法，具体实现了字典元素的增、删、改、查等重要操作。这里所介绍的字典方法和函数可以实现对字典的一些简单处理，如果需要对字典进行更复杂、更高级的处理，那么需要灵活地将这些方法进行组合运用。例如，利用值来查询所有与之对应的键，如代码 3-38 所示。

代码 3-38　利用值查询键

```
>>> test = {'A':100, 'B':300, 'C':True, 'D':200}
>>> keys = list(test.keys())  # 提取字典中的所有键
>>> values = list(test.values())  # 提取字典中的所有值
>>> print(keys)
['A', 'B', 'C', 'D']
>>> print(values)  # 提取的全体键和值的索引正好一一对应，构成原字典中的键值对
[100, 300, True, 200]
>>> print(keys[values.index(True)])  # 利用值 True 的索引来提取对应的键
'C'
```

3.4.6　任务实现

　　根据任务分析，本任务的具体实现过程可以参考以下操作。
　　（1）使用花括号（{}）创建某学生各科成绩组成的字典对象，并赋值给变量。
　　（2）使用键访问赋值方式向字典增添键值对{'History':88}。
　　（3）使用 del 语句删除键 "Physics"。
　　（4）利用键 "Chinese" 访问对应值，并使用 round 函数进行四舍五入取整。
　　（5）将取整结果赋值给字典中的键 "Chinese"。
　　（6）直接使用键 "Math" 查询对应值。
　　参考代码如任务实现 3-3 所示。

3.4　创建一个字典（dictionary）并进行增删改查操作

任务实现 3-3

```
# -*-coding:utf-8-*-

score = dict({'Math': 96, 'English': 86,
              'Chinese': 95.5, 'Biology': 86,
              'Physics': None})
score['History'] = 88  # 增添键值对
del score['Physics']  # 删除键值对
new_value = round(score['Chinese'])  # 将成绩进行四舍五入取整
score['Chinese'] = new_value  # 修改对应值
print(score['Math'])  # 查看键的对应值

print(score)  # 查看处理后的字典
```

任务 3.5　将两个列表转换为集合（set）并进行集合运算

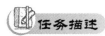 任务描述

Python 内置了集合这一数据结构，这里的集合与数学上的集合的概念基本是一致的。本任务需要将列表['apple', 'pear', 'watermelon', 'peach']和['pear', 'banana', 'orange', 'peach', 'grape']都转换为集合，同时求出两个集合的并集、交集和差集。

任务分析

通过以下步骤可完成上述任务。

（1）使用方括号创建列表['apple', 'pear', 'watermelon', 'peach']并赋值给变量。

（2）使用 list 函数创建列表['pear', 'banana', 'orange', 'peach', 'grape']并赋值给变量。

（3）将创建的两个列表对象转换为集合类型。

（4）求出两个集合的并集。

（5）求出两个集合的交集。

（6）求出两个集合的差集。

3.5.1　了解集合的概念与特性

Python 中的集合类型数据结构是将各不相同的不可变数据对象无序地集中起来的容器。类似于字典中的键，集合中的元素都是不可重复的，并且属于不可变类型，元素之间没有排列顺序。集合的这些特性，使得它独立于序列和映射类型之外。Python 中的集合类型就相当于数学集合论中所定义的集合，人们可以对集合对象进行数学集合运算（求并集、交集、差集等）。

3.5.2 创建集合

若按数据结构对象是否可变来分，集合类型数据结构包括可变集合与不可变集合。

1. 可变集合

可变集合对象是可变的，可以进行元素的增添、删除等处理，处理结果直接作用在对象上。使用花括号（{}）可以创建可变集合，这里与创建字典不同，传入的不是键值对，而是集合元素。注意，传入的元素对象必须是不可变的，即不能传入列表、字典甚至可变集合等。另外，可变集合的 set 函数能够将数据结构对象转换为可变集合类型，即将集合元素存储为一个列表或元组，再使用 set 函数将其转换为可变集合。在创建时，无须担心传入的元素是否重复，因为返回的结果会将重复元素删除。如果需要创建空可变集合，那么只能使用 set 函数且不传入任何参数来创建。创建可变集合的应用示例如代码 3-39 所示。

代码 3-39 创建可变集合

```
>>> # 使用花括号创建可变集合
>>> myset1 = {'A', 'C', 'D', 'B', 'A', 'B'}
>>> print(myset1)
{'C', 'D', 'B', 'A'}
>>> # 使用 set 函数创建可变集合
>>> myset2 = set([2, 3, 1, 4, False, 2.5, 'one'])
>>> print(myset2)
{False, 1, 2, 3, 4, 2.5, 'one'}
>>> empty_set = set()  # 创建空可变集合
>>> print(empty_set)
set()
>>> print(type(empty_set))
<class 'set'>
```

2. 不可变集合

不可变集合对象属于不可变数据类型，不能对其中的元素进行修改处理。创建不可变集合的方法是使用 frozenset 函数。它与 set 函数用法一样，不同的是其返回的结果是一个不可变集合。注意，元素必须为不可变数据类型。当 frozenset 函数不传入任何参数时，会创建一个空不可变集合。创建不可变集合的应用示例如代码 3-40 所示。

代码 3-40 创建不可变集合

```
>>> myset3 = frozenset([3, 2, 3, 'one', frozenset([1, 2]), True])
>>> # 使用 frozenset 函数创建不可变集合
>>> print(myset3)
frozenset({True, 2, 3, 'one', frozenset({1, 2})})
```

```
>>> empty_frozenset = frozenset()  # 创建空不可变集合
>>> print(empty_frozenset)
frozenset()
>>> print(type(empty_frozenset))
<class 'frozenset'>
```

3.5.3 集合运算

集合是由互不相同的元素对象构成的无序整体。集合包含多种运算，这些运算能得到满足某些条件的元素集合。常用的集合运算包括并集、交集、差集、异或集等。当需要获得两个集合之间的并集、交集、差集等元素集合时，这些集合运算能够获取集合之间的某些特殊信息。例如，学生 A 喜欢的体育运动的集合为{'足球', '游泳', '羽毛球', '乒乓球'}；而学生 B 喜欢的体育运动的集合为{'篮球', '乒乓球', '羽毛球', '排球'}，要获取两个学生都喜欢的体育运动，或除了学生 B 喜欢的运动项目外，还有哪些运动项目是学生 A 喜欢的，即可通过集合运算来实现。

1. 并集

由属于集合 A 和集合 B 的所有元素组成的集合称为集合 A 和 B 的并集，数学表达式为 $A{\cup}B=\{x \mid x{\in}A$ 或 $x{\in}B\}$。并集与集合 A 和 B 之间的关系如图 3-2 所示，其中阴影部分即为并集。

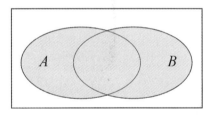

图 3-2 并集与集合 A 和 B 之间的关系

根据并集的数学定义，上述例子中，集合 A 和集合 B 的并集为{'足球', '游泳', '羽毛球', '乒乓球', '篮球', '排球'}，这表示学生 A 和 B 喜欢的运动项目。在 Python 中可以使用符号"|"或集合方法 union() 求出两个集合的并集，如代码 3-41 所示。

代码 3-41 求并集

```
>>> A = {'足球', '游泳', '羽毛球', '乒乓球'}
>>> B = {'篮球', '乒乓球', '羽毛球', '排球'}
>>> print(A | B)  # 使用符号'|'获取并集
{'羽毛球', '排球', '乒乓球', '足球', '篮球', '游泳'}
>>> print(A.union(B))  # 使用集合方法 union() 获取并集
{'羽毛球', '排球', '乒乓球', '足球', '篮球', '游泳'}
```

2. 交集

同时属于集合 A 和 B 的元素组成的集合称为集合 A 和 B 的交集，数学表达式为 $A{\cap}B=\{x \mid x{\in}A$ 且 $x{\in}B\}$。交集与集合 A 和 B 之间的关系如图 3-3 所示，其中阴影部分即为交集。

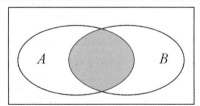

图 3-3 交集与集合 A 和 B 之间的关系

由交集的定义可知，学生 A 和 B 都喜欢的运动项目的集合为{'羽毛球', '乒乓球'}。在 Python 中可以使用符号"&"或集合方法 intersection()求出两个集合对象的交集，如代码 3-42 所示。

代码 3-42　求交集

```
>>> print(A & B)  # 使用符号"&"获取交集
{'羽毛球', '乒乓球'}
>>> print(A.intersection(B))  # 使用集合方法 intersection()获取交集
{'羽毛球', '乒乓球'}
```

3. 差集

属于集合 A 而不属于集合 B 中的元素所构成的集合为 A 和 B 的差集，数学表达式为 $A-B=\{x|x\in A, x\notin B\}$。反过来，也有差集 $B-A=\{x|x\in B, x\notin A\}$。差集与集合 A 和 B 之间的关系如图 3-4 所示，其中阴影部分即为差集 $A-B$。

除学生 A、B 都喜欢的体育项目外，若需要知道学生 A 还喜欢哪些项目，可以通过求差集 $A-B$ 来获取。在 Python 中可以使用减号"−"或集合方法 difference()求出两个集合对象的差集，如代码 3-43 所示。

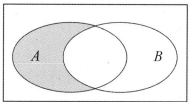

图 3-4　差集与集合 A 和 B 之间的关系

代码 3-43　求差集

```
>>> print(A - B)  # 使用减号"−"来获取差集
{'游泳', '足球'}
>>> print(A.difference(B))  # 使用集合方法 difference()获取差集
{'游泳', '足球'}
```

4. 异或集

属于集合 A 或集合 B 但不同时属于集合 A 和 B 的元素所组成的集合，称为集合 A 和 B 的异或集，其相当于$(A\cup B)-(A\cap B)$。异或集与集合 A 和 B 之间的关系如图 3-5 所示，其中阴影部分为异或集。

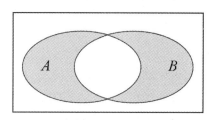

图 3-5　异或集与集合 A 和 B 之间的关系

通过求得例子中两集合 *A* 和 *B* 的异或集，可以得知两个学生都有哪些不相同的体育爱好。在 Python 中可以使用符号"^"或集合方法 symmetric_difference()求出两个集合对象的异或集，如代码 3-44 所示。

代码 3-44　求异或集

```
>>> print(A ^ B)  # 使用符号"^"获取异或集
{'游泳', '篮球', '足球', '排球'}
>>> print(A.symmetric_difference(B))  # 使用 symmetric_difference()方法获取异或集
{'游泳', '篮球', '足球', '排球'}
```

除求并集、交集、差集、异或集 4 种基本集合运算外，集合之间的关系也是非常重要的。两个集合之间通常存在子集、真子集、超集、真超集等关系，它们揭示了集合之间的包含关系。例如，现在知道学生 C 喜欢的体育项目为{'足球', '乒乓球', '游泳'}，是否能大致地认为学生 A 比学生 C 的体育爱好更广泛一点，此时可以使用集合关系进行判断。在 Python 中判断这些集合关系所用的方法和符号如表 3-3 所示。

表 3-3　判断集合关系常用方法和符号

判断集合关系的方法和符号	说　　明
<= 或 issubset()	判断一个集合是否为另一个集合的子集，即判断是否有 $A \subseteq B$ 的关系。如果是，那么集合 *A* 中所有元素都是集合 *B* 中的元素
<	判断一个集合是否为另一个集合的真子集，即判断是否有 $A \subset B$ 的关系。如果是，那么集合 *B* 中除了包含集合 *A* 中的所有元素，还包含集合 *A* 中没有的其他元素
>= 或 issuperset()	判断一个集合是否为另一个集合的超集，即判断是否有 $A \supseteq B$ 的关系。如果是，那么集合 *A* 包含了集合 *B* 中的所有元素
>	判断一个集合是否为另一个集合的真超集，即判断是否有 $A \supset B$ 的关系。如果是，那么集合 *A* 除了包含集合 *B* 中的所有元素，还包含了集合 *B* 中没有的其他元素

表 3-3 列举的这些方法和符号的应用示例如代码 3-45 所示。

代码 3-45　判断集合关系的方法和符号的应用

```
>>> C = {'足球', '乒乓球', '游泳'}
>>> print(C <= A)  # 判断子集
True
>>> print(C.issubset(A))  # 使用 issubset()方法判断子集
True
>>> print(C < A); print(A < A)  # 判断真子集
True
```

```
False
>>> print(A >= C)  # 判断超集
True
>>> print(A.issuperset(C))  # 使用 issuperset() 方法判断超集
True
>>> print(A > C); print(C > C)  # 判断真超集
True
False
```

3.5.4 集合常用方法和函数

集合类型数据结构分为可变集合与不可变集合两种。与其他可变类型数据对象一样，对于可变集合对象，也可以进行元素的增添、删除、查询等处理，相关常用方法和函数如表 3-4 所示。

表 3-4 可变集合常用方法和函数

可变集合方法和函数	说　　明
set.add()方法	向可变集合中增添一个元素
set.update()方法	向可变集合中增添其他集合的元素，即合并两个集合
set.pop()方法	删除可变集合中的一个元素，当集合对象是空集时，返回错误
set.remove()方法	删除可变集合中指定的一个元素
set.clear()方法	清空可变集合中的所有元素，返回空集
len 函数	获取集合当中元素的个数
set.copy()方法	复制可变集合的内容并创建一个副本对象

表 3-4 列举的方法和函数的应用示例如代码 3-46 所示。

代码 3-46 可变集合常用操作

```
>>> myset4 = {'red', 'green', 'blue', 'yellow'}
>>> myset4_copy = myset4.copy()  # 创建一个集合副本对象
>>> others = {'black', 'white'}
>>> # 可变集合增添元素
>>> myset4.add('orange')  # 使用 add() 方法增添元素
>>> myset4.update(others)  # 使用 update() 方法合并两个集合
>>> print(myset4)
{'black', 'green', 'yellow', 'orange', 'white', 'blue', 'red'}
>>> # 删除可变集合元素
>>> print(myset4.pop())  # 使用 pop() 方法从集合中抽离出一个元素
```

```
'black'
>>> print(myset4)  # 查看抽离元素后的集合内容
{'green', 'yellow', 'orange', 'white', 'blue', 'red'}
>>> myset4.remove('yellow')  # 使用 remove()方法删除指定元素
>>> myset4_copy.clear()  # 使用 clear()方法将副本集合内容清空
>>> print(myset4_copy)
set()
>>> print(len(myset4))  # 使用 len 函数获取集合元素个数
5
```

通过对本小节内容的学习，读者体验了使用 Python 来处理数学集合的便利性，只需要熟练掌握前面介绍的集合运算和常用集合方法及函数，向集合当中存储数据和挖掘集合数据中的某些信息将会是一件简单而轻松的事情。

3.5.5 任务实现

根据任务分析，本任务的具体实现过程可以参考以下操作。

（1）使用方括号创建列表['apple', 'pear', 'watermelon', 'peach']，并赋值给变量 set1。

（2）使用 list 函数创建列表['pear', 'banana', 'orange', 'peach', 'grape']，并赋值给 set2。

（3）使用 set 函数将所创建的各个列表对象分别转换为可变集合类型。

（4）使用 type 函数查看对象转换后的数据类型。

（5）使用符号"|"求出两个集合的并集。

（6）使用符号"&"求出两个集合的交集。

（7）使用符号"−"求出差集 set1−set2。

（8）使用 difference()方法求出差集 set2−set1。

参考代码如任务实现 3-4 所示。

3.5 将两个列表转换为集合（set）并进行集合运算

任务实现 3-4

```
# -*-coding:utf-8-*-

set1 = ['apple', 'pear', 'watermelon', 'peach']
set2 = list(('pear', 'banana', 'orange', 'peach', 'grape'))
set1 = set(set1)  # 转换列表对象为可变集合类型
set2 = set(set2)
print(type(set1))
print(type(set2))  # 查看转换后数据类型
print(set1 | set2)  # 求出并集
print(set1 & set2)  # 求出交集
print(set1 - set2)  # 求出差集 set1-set2
print(set2.difference(set1))  # 求出差集 set2-set1
```

小结

本章介绍了 Python 中的列表、元组、字典、集合这几种基本且重要的数据结构，并将这 4 种数据结构归结为序列、映射、集合 3 种 Python 基础数据结构类型，同时也根据是否可变的性质进行了分类。此外，还介绍了数据结构的特性、常用处理方法和函数等。

实训

实训 1　使用列表对某超市销售数据进行存储、查询与修改

1．训练要点

（1）掌握列表的创建方法。

（2）掌握列表元素的索引提取和切片操作。

（3）掌握列表中元素的增添、修改、查询等基础操作。

2．需求说明

某超市为了解 2020 年一整年的生鲜售卖情况，需要将表 3-5 和表 3-6 所示的数据分别存储到列表当中，并将两个列表进行合并，从而得到一年的营业额信息。为判断 2020 年春节期间的生鲜售卖是否火热，需要对 2 月的生鲜营业额进行查询。同时，财务人员在记账过程中出现记录错误，导致 12 月的营业额少算了 12 万元，因此还需修改 12 月的营业额，从而确保账本与实际的账单内容相符。

表 3-5　1～7 月生鲜营业额

月份	1 月	2 月	3 月	4 月	5 月	6 月	7 月
营业额（万元）	20	80	45	35	32	75	43

表 3-6　8～12 月生鲜营业额

月份	8 月	9 月	10 月	11 月	12 月
营业额（万元）	54	34	23	54	34

3．实训思路及步骤

（1）创建列表 turnover1 和 turnover2，分别存放表 3-5 和表 3-6 所示的数据信息。

（2）利用"+"合并 turnover1 和 turnover2 并赋值给 turnover3。

（3）使用索引操作查询 2 月生鲜营业额。

（4）索引 12 月营业额并通过赋值操作修改营业额为 46 万元。

实训 2　使用元组对学生成绩进行管理

1．训练要点

（1）掌握元组的特性和创建方法。

（2）掌握元组元素索引的使用方法。

2．需求说明

某学生期末成绩中的语文、数学、外语、政治和实践课程的成绩分别为 78 分、89 分、89 分、60 分和 69 分。现需要将该学生的成绩存储到元组中，以便于后续的数据管理。由于学校着重强调了学生们的实践能力，因此还需查看该学生的实践课程成绩，了解该学生的实践情况。

3．实训思路及步骤

（1）创建元组 scores，且元组中元素数据类型为字符串，形式为"78：语文"。

（2）通过索引操作获取值为"69：实践"的元素。

实训 3　使用字典创建简单的货物库存查询程序

1．训练要点

（1）掌握字典数据结构的创建方法。

（2）掌握字典元素的增添、删除、修改、查询等常用操作方法。

2．需求说明

某水果店为统计当前水果的总体数量情况，需分别将已有货物数据和新进货物数据使用字典进行存储，已有货物与新进货物信息如表 3-7 和表 3-8 所示。一周前该水果店卖出了 104 箱苹果，需查询当前苹果的库存信息并修改苹果的库存量。而在运输过程中，冷藏车出现故障导致车厘子无法食用，因此还需删除车厘子的货物信息，最后将整理好的水果数据信息进行合并，并计算当前所有水果的总箱数。

表 3-7　已有货物库存信息表

水果类型	数量（箱）
苹果	154
香梨	69
香蕉	38

表 3-8　新进货物数量信息表

水果类型	数量（箱）
火龙果	33
车厘子	45

3．实训思路及步骤

（1）创建名为 fruit1 和 fruit2 的两个字典分别存储表 3-7 和表 3-8 所示的数据。

（2）通过索引操作获取字典 fruit1 中苹果的库存数量，并重新赋值苹果的库存数量为 50。

（3）使用 pop()方法删除字典 fruit2 中车厘子的数据。

（4）在字典 fruit1 中添加字典 fruit2 的元素。

（5）使用 values()方法获取字典 fruit3 中每种水果的库存量。

实训 4　使用集合进行学生选课信息查询

1. 训练要点

（1）掌握集合的创建和性质。

（2）掌握集合相关方法的使用。

（3）掌握交集、差集等集合运算的 Python 实现。

2. 需求说明

某班级为了解学生对 C 语言和 Python 这两种计算机语言的选课情况，创建了学生选课信息表，数据信息如表 3-9 所示，并以集合的数据形式分别存储每种语言的选课学生名字。名为王五的学生从 Python 教学班换到了 C 语言教学班，因此需更改两个集合的信息。同时，为了解学生对哪种语言更感兴趣及感兴趣的程度，需筛选出同时选择 Python 和 C 语言两门课程的学生；筛选出选了 Python 没有选择 C 语言的学生；最后再统计选择这两门课程的总人数。

表 3-9　学生选课信息表

Python	张三	李四	王五	赵六	钱七	李雷	韩梅梅
C 语言	赵六	李四	麦克	张三	韩梅梅	李莉	钱七

3. 实训思路及步骤

（1）创建集合 Python_Course、C_Course 分别存放选择了 Python 和 C 语言课程学生的名字。

（2）利用 add()方法向集合 C_Course 中添加元素"王五"；用 remove()方法移除集合 Python_Course 中的元素"王五"。

（3）利用 Python 中的交集运算筛选出既选了 Python 又选了 C 语言课程的学生。

（4）利用差集运算筛选出选择了 Python 没有选择 C 语言的学生。

（5）利用并集运算和 len 函数计算出选课总人数。

课后习题

1. 选择题

（1）下列哪个选项不是 Python 的整数类型数据（　　　）。

　　A. 88　　　　　　　B. 0x9a　　　　　　C. 0B1010　　　　　　D. 0E99

（2）下列数据类型无法在 Python 中进行索引操作的是（　　　）。

    A．tuple   B．list   C．string   D．set

（3）下列哪种数据类型不是 Python 常用的数据类型（　　　）。

    A．list   B．float   C．dictionary   D．char

（4）下列方法能够对列表 a = [1, 1, 2, 4, 2, 5, 6]实现元素去重操作的是（　　　）。

    A．list(set(a))   B．a.pop(0, 2)   C．a.remove(1)   D．a.remove(2)

（5）print((1,2,3)*2)的计算结果为（　　　）。

    A．(1,2,3)   B．(1,2,3,1,2,3)   C．(1,4,6)   D．(1,1,2,2,3,3)

（6）以下语句中无法成功创建字典的是（　　　）。

    A．dict1 = {}   B．dict2 = { 3 : 5 }

    C．dict3 = {[1,2,3]: 'uestc '}   D．dict4 = {(1,2,3): 'uestc '}

（7）下列操作能够索引到列表 li = [(1, 'a'), (2, 'b'), (3, 'c')] 中元素'b'的是（　　　）。

    A．li[2,2]   B．li[1][1]   C．li[2][2]   D．li[1,1]

（8）若要获取两个集合 A 和 B 的交集，在 Python 中应该使用（　　　）。

    A．$A - B$ B．$A \& B$ C．$A \mid B$ D．$A \wedge B$

（9）在 Python 中对两个集合对象实行操作 $A \mid B$，得到的结果是（　　　）。

    A．并集   B．交集   C．差集   D．异或集

（10）数据结构 tuple 可以归类为（　　　）。

    A．序列   B．映射   C．可变类型   D．不可变类型

2．操作题

（1）利用 Python 中列表的相关操作，将列表 list_a = [1, 2, 3, 4, 5, 6]转变为[4, 'x', 'y', 9]。

（2）输出给定字典 dic = {'key1': 'value1', 'key2': 'value2', 'key3': 'value3'}中所有的 key 和 value，且输出形式为单个换行输出的键值对：'key1': 'value1 '。在字典尾部添加一个键值对 "'key4': 'value4'"，并修改字典中 "key1" 对应的值为 1。

（3）编写程序完成以下功能。

① 建立字典 d，包含的内容是：'数学':101,'语文':202,'英语':203,'物理':204,'生物':206。

② 向字典中添加键值对 "'化学':205"。

③ 修改 "数学" 对应的值为 201。

④ 删除 "生物" 对应的键值对。

⑤ 输出字典 d 的全部信息。

第4章 程序流程控制语句

控制语句是程序语言的基础，也是程序编写的重点。掌握 Python 的流程控制语句的应用，可以实现机器算法的自编程及面向对象编程等。本章主要介绍 Python 的条件分支结构 if 语句及两种主要的循环结构 while 循环和 for 循环，并详细讲解 Python 循环结构中一些函数的用法。

学习目标

（1）掌握 if、else 和 elif 语句的基本结构与用法。
（2）掌握 try、except 语句的基本结构与用法。
（3）掌握 for 和 while 循环的基本结构与用法。
（4）掌握循环语句中常用的 range 函数、break 语句、continue 语句和 pass 语句的用法。
（5）掌握嵌套循环，以及条件与循环的组合。
（6）了解多变量迭代。
（7）掌握列表解析的创建方法。

04　程序流程
控制语句

思维导图

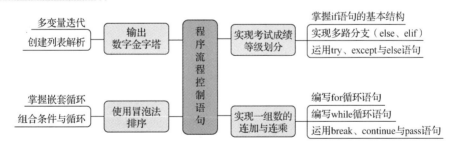

任务 4.1　实现考试成绩等级划分

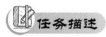

运用 Python 的异常处理 try-except 语句和流程控制的 if 语句、else 语句编写程序，实现若输入的内容为成绩分数，则按成绩进行等级划分：成绩≥90，等级为 A；80≤成绩＜

90，等级为 B；70≤成绩＜80，等级为 C；60≤成绩＜70，等级为 D；成绩＜60，等级为 E。
若输入的内容非成绩，则输出错误提示语。

任务分析

通过以下步骤可以完成上述任务。

（1）创建一个变量，输入任意数值作为成绩并赋予该变量。

（2）检测输入的内容是否为数值型数据。

（3）设置条件分支，判断成绩属于哪个等级。

（4）输出结果。

4.1.1 掌握 if 语句的基本结构

首先输入成绩，如果成绩在一个等级范围内（如等级 A 的范围是 90 分以上），那么输出这次的考试成绩所属的等级。

如果想通过 Python 实现上述过程，那么需要借助 if 语句实现条件分支，同时还需要用到布尔表达式，格式如下。

```
if 布尔表达式 1:
    分支
```

注意，每个条件后面都要使用冒号（:）表示接下来满足条件时要执行的语句块。使用缩进划分语句块，相同缩进的语句组成一个语句块。

布尔表达式是指可以返回一个布尔值（或称为真值）的表达式。当将 False、None、0、""、()、[]、{}值作为布尔表达式时，运行结果会直接返回假（False），即标准值 False、None、数字 0 和所有空序列都为 False，其余单个对象都为 True。

逻辑表达式是布尔表达式的一种，指的是带逻辑运算符（如 and、or）或比较运算符（如 >、==）的表达式，其返回值是 False 或 True。使用逻辑表达式实现判断，如代码 4-1 所示。

代码 4-1　逻辑表达式判断示例

```
>>> score = 91
>>> print(score >= 90 and score <= 100)
True
>>> score = 91
>>> if score >= 90 and score <= 100:
...     print('本次考试，成绩等级为：A')
本次考试，成绩等级为：A
```

由代码 4-1 可知，程序只对成绩进行了一次判断，当条件满足时返回真，并输出结果为"本次考试，成绩等级为：A"。

4.1.2 实现多路分支（else、elif）

4.1.1 小节介绍了 if 语句的分支，if 语句能够设置多路分支，有且只有一条分支会被执

行，这和日常语言中的"如果"相似。程序都是一条条语句按顺序执行的，通过 else 与 elif
语句，程序可以有选择性地执行。使用 if 语句设置多路分支的一般格式如下。

```
if 布尔表达式 1:
    分支一
elif 布尔表达式 2:
    分支二
else:
    分支三
```

程序会先计算第 1 个布尔表达式，如果结果为真，那么执行第 1 个分支中的所有语句；
如果为假，那么计算第 2 个布尔表达式，如果第 2 个布尔表达式的结果为真，那么执行第
2 个分支中的所有语句；如果结果仍然为假，那么执行第 3 个分支中的所有语句。如果只
有两个分支，那么不需要 elif，直接写 else 即可。如果有更多的分支，那么需要添加更多的
elif 语句。Python 中没有 switch 和 case 语句，多路分支只能通过 if-elif-else 控制流语句来
实现。注意，整个分支结构中是有严格的退格缩进要求的，两个分支的示例如代码 4-2
所示。

代码 4-2　两个分支的示例

```
>>> score = 59
>>> if score < 60:
...     print('考试不及格')
>>> else:
...     print('考试及格')
考试不及格
```

4.1.3　运用 try、except 与 else 语句

若运行过程中发生错误，程序的执行将会被中断，并创建异常对象。异常是程序在正
常流程控制以外采取的动作，当它被引发时，计算机将自动寻找异常处理程序，以帮助程
序恢复正常运行。

要想保证程序的正常运行，那么就需要排除错误，错误的出现要么是语法上的，要么
便是逻辑上的。语法错误表明程序在结构上出现了问题，可以在程序执行前加以纠正。逻
辑错误则可能是缺少输入或输入不正确，某些情况下，也可能是输入的内容无法生成预期
的结果。一般情况下，逻辑错误是难以预防的，必须使用异常处理程序来应对。

计算机语言针对可能出现的错误定义了异常类型，当某种错误引发了对应的异常时，
异常处理程序将会被启动，从而恢复程序的正常运行。Python 中定义的异常类型大致分
为数值计算错误、操作系统错误、无效数据查询、Unicode 相关的错误和警告等几类，如
表 4-1 所示。

表 4-1　Python 异常类

异　常　名	说　　明	异　常　名	说　　明
BaseException	所有异常的基类	RuntimeError	一般的运行时异常
Exception	常规异常的基类	NotImplementedError	尚未实现的方法
StandardError	所有的内建标准异常的基类	SyntaxError	语法错误导致的异常
ArithmeticError	所有数值计算异常的基类	IndentationError	缩进错误导致的异常
FloatingPointError	浮点计算异常	TabError	Tab 和空格混用
OverflowError	数值运算超出最大限制	SystemError	一般的解释器系统异常
ZeroDivisionError	除零	TypeError	对类型无效的操作
AssertionError	断言语句失败	ValueError	传入无效的参数
AttributeError	对象不包含某个属性	UnicodeError	Unicode 相关的异常
EOFError	没有内建输入，到达 EOF 标记	UnicodeDecodeError	Unicode 解码错误导致的异常
EnvironmentError	操作系统异常的基类	UnicodeEncodeError	Unicode 编码错误导致的异常
IOError	输入/输出操作失败	UnicodeTranslateError	Unicode 转换错误导致的异常
OSError	操作系统异常	Warning	警告的基类
WindowsError	系统调用失败	DeprecationWarning	关于被弃用的特征的警告
ImportError	导入模块/对象失败	FutureWarning	关于构造将来语义会有改变的警告
KeyboardInterrupt	用户中断执行	UserWarning	用户代码生成的警告
LookupError	无效数据查询的基类	PendingDeprecationWarning	关于特性将会被废弃的警告
IndexError	序列中没有此索引	RuntimeWarning	可疑的运行时行为（runtime behavior）的警告
KeyError	映射中没有对应键	SyntaxWarning	可疑的语法的警告
MemoryError	内存溢出异常	ImportWarning	在导入模块过程中触发的警告
NameError	未声明/初始化对象	UnicodeWarning	与 Unicode 相关的警告
UnboundLocalError	访问未初始化的本地变量	BytesWarning	与字节或字节码相关的警告
ReferenceError	弱引用试图访问已经回收了的对象	ResourceWarning	与资源使用相关的警告

异常体系内部还存在着层次关系，较低层次、更具细节的异常是某些高层次异常的子

类，这些高层次的异常则称为基类，子类和基类是相对的。Python 异常体系中的部分关系如图 4-1 所示。

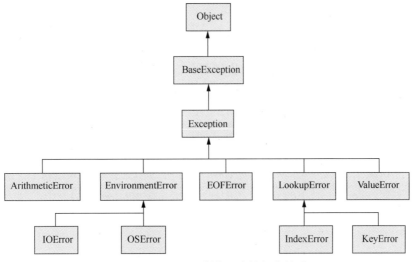

图 4-1　Python 异常体系中的部分关系

在图 4-1 中，越靠下的异常，其层次越低，细节也就越明显，但是它们总会有更高层次的基类。

在 Python 中普遍使用 try 语句处理异常，该语句一般包括 try、except 和 else 这 3 个句式，组成 try-except-else 的形式。try 部分包含一个尝试执行的代码块，except 部分是特定异常的处理对策，else 部分则在程序运行正常时执行。

处理异常的 try 语句可以视为一种条件分支，与 if 语句的区别是 try 语句并不包含条件判断式，执行的流向也不取决于条件表达式，而依赖代码块能否执行，但其内在逻辑和运行流程与 if 语句相似，符合条件分支的特征。try-except-else 的基本语法格式如下。

```
try:
    操作语句 1
except 错误类型 1:
    操作语句 2
except 错误类型 2:
    操作语句 3
else:
    操作语句 4
```

try-except-else 语句的参数说明如表 4-2 所示。

表 4-2　try-except-else 语句的参数说明

参　　数	说　　明
错误类型	接收 Python 异常名，表示符合该异常则执行下方操作语句，无默认值
操作语句	可执行的一段代码，无默认值

当执行 try-except-else 语句时，程序首先执行 try 代码块，即可能出错的试探性语句，从而试探该代码块是否会出现致命性错误导致程序无法继续执行；如果 try 代码块确实无法执行，那么可能会执行某个 except 代码块。执行一个 except 代码块的条件是，系统捕捉的异常类型和该代码块标示的类型相符。如果 try 代码块的语句正常执行，那么将会接着执行 else 代码块的语句。如果 try 代码块无法执行，也没有找到相应的 except 代码块，那么异常消息将被发送给程序调用端，如 Python Shell。Python Shell 对异常消息的默认处理是终止程序的执行并输出具体的出错信息，这也是在 Python Shell 中执行程序错误后所出现的出错信息的由来。

在 try 语句中，except 与 else 代码块都是可选的，except 代码块可以有 0 或多个，else 代码块可以有 0 或 1 个。但是需要注意，else 代码块的存在必须以 except 代码块的存在为前提，若在没有 except 代码块的 try 语句中使用 else 代码块，则会引发语法错误。

当 try 语句中没有 else 代码块时，就构成 try-except 语句，示例如代码 4-3 所示。

代码 4-3   try 语句处理除零异常

```
>>> number = 0
>>> # 以变量 number 作除数，尝试运行除法操作
>>> try:
...     print('1.0 / number =', 1.0 / number)
>>> # 如果异常是除零异常，输出提示信息
>>> except ZeroDivisionError:
...     print('***除数为 0***')
***除数为 0***
```

在代码 4-3 中，由于 0 不能作除数，因此引发了除零异常，但由于 except 代码块给出了 ZeroDivisionError 的解决方案，因此将会执行 except 代码块中的内容，程序也才得以完整地运行。

图 4-1 所示展示的各异常之间的层次差别是有意义的，这在程序执行过程中可以体现出来，如代码 4-4 所示。

代码 4-4   Python 异常层次差异

```
>>> dict1={'a': 1, 'b': 2, 'v': 22}
>>> # 尝试索引赋值 dict1 中不存在的值
>>> try:
...     x = dict1['y']
>>> except LookupError:
...     print('查询错误')
>>> except KeyError:
...     print('键错误')
```

```
>>> else:
...     print(x)
查询错误
>>> # 调换 LookupError 和 KeyError 处理代码块的顺序
>>> dict2={'a': 1, 'b': 2, 'v': 22}
>>> # 尝试索引赋值 dict2 中不存在的值
>>> try:
...     x = dict2['y']
>>> except KeyError:
...     print('键错误')
>>> except LookupError:
...     print('查询错误')
>>> else:
...     print(x)
键错误
```

代码 4-4 中的 try-except-else 语句尝试查询在字典中不存在的键值对时引发了异常。这一异常准确地说应属于 KeyError，但由于 KeyError 是 LookupError 的子类，且在代码 4-4 的前半部分是将 LookupError 置于 KeyError 之前的，因此程序优先执行 except LookupError 代码块，便出现了非真正错误原因的提示，所以，使用多个 except 代码块时，必须坚持规范排序，要保证从最具针对性的异常到最通用的异常。

除自然发生的异常外，在 Python 中还存在一种名为 raise 的语句可用于故意引发异常。使用该语句引发异常时，只需在 raise 后输入异常名即可，如代码 4-5 所示。

代码 4-5　raise 语句

```
>>> # 尝试引发 IndexError
>>> try:
...     raise IndexError
>>> except KeyError:
...     print ('in KeyError except')
>>> except IndexError:
...     print('in IndexError except')
>>> else:
...     print('no exception')
in IndexError except
```

4.1.4　任务实现

根据任务分析，本任务的具体实现过程可以参考以下操作。

4.1　实现考试成绩
等级划分

（1）设置 try-except 语句异常检测。

（2）创建 score 变量来存放使用 input 函数输入的成绩数据。

（3）设置 if 语句分支。

（4）通过 else 与 elif 语句添加分支。

（5）输出结果。

参考代码如任务实现 4-1 所示。

任务实现 4-1

```python
try:
    score = int(input('请输入成绩：'))
    if score >= 90:
        print('本次考试，成绩等级为：A')
    elif score >= 80 and score < 90:
        print('本次考试，成绩等级为：B')
    elif score >= 70 and score < 80:
        print('本次考试，成绩等级为：C')
    elif score >= 60 and score < 70:
        print('本次考试，成绩等级为：D')
    else:
        print('本次考试，成绩等级为：E')
except:
    print('您输入的成绩内容非数值类型！')
```

任务 4.2 实现一组数的连加与连乘

任务描述

一般情况下，程序都是一条条语句按顺序执行的，如果要让程序重复地做一件事情，那么只能重复地写相同的代码，操作会比较烦琐。为应对此问题，一个重要的方法——循环，应运而生。本任务将使用循环实现对数字 1～10 进行连续加法和连续乘法。

任务分析

通过以下步骤可以完成上述任务。

（1）创建一个包含 1～10 的列表对象。

（2）创建变量来存放计算结果。

（3）编写循环语句。

（4）编写连加与连乘公式。

（5）输出结果。

4.2.1　编写 for 循环语句

for 循环在 Python 中是一个通用的序列迭代器，可以遍历任何有序的序列，如字符串、列表、元组等。

Python 中的 for 语句接收可迭代对象（如序列和迭代器）作为其参数，每次循环可以调取其中一个元素。使用 for 循环的基本格式如下。

```
for 迭代变量 in 字符串|列表|元组|字典|集合:
    代码块
```

在上面的格式中，迭代变量用于存放从序列类型变量中读取出来的元素，所以一般不会在循环中对迭代变量进行手动赋值；代码块指的是具有相同缩进格式的单行或多行代码。与此同时，Python 的 for 循环看上去与伪代码十分相似，整个架构非常简洁明了。为进一步说明其原理，接下来将使用 for 循环分别对列表元素和字符串进行遍历，如代码 4-6 所示。

代码 4-6　使用 for 循环对列表元素和字符串进行遍历

```
>>> for a in ['e', 'f', 'g']:
...     print(a)
e
f
g
>>> for a in 'string':
...     print(a)
s
t
r
i
n
g
```

如果希望 Python 的 for 循环能够像 C 语言程序的格式那样进行循环，那么需要一个数字序列，使用 range 函数能够快速构造一个数字序列。例如，range(5)或 range(0,5)即构造了序列 0,1,2,3,4。注意，这里包括 0，但不包括 5。

在 Python 中，for i in range(5)的执行效果和 C 语言中 for(i=0;i<5;i++)的执行效果是一样的。range(a,b)能够返回列表[a,a+1,…,b-1]（注意不包含 b），这样 for 循环即可从任意起点开始，在任意终点结束。range 函数经常和 len 函数一起用于遍历整个序列。len 函数能够返回一个序列的长度，for i in range(len(L))能够迭代整个列表 L 的元素索引。虽然直接使用 for 循环也可以实现这个效果，但是直接使用 for 循环难以对序列进行修改，因为每次迭代调取的元素并不是序列元素的引用。而通过 range 函数和 len 函数可以快速通过索引访问序列并对其进行修改，如代码 4-7 所示。

代码 4-7　range 函数和 len 函数的使用

```
>>> for i in range(0, 5):
...     print(i)
0
1
2
3
4
>>> for i in range(0, 6, 2):
...     print(i)
0
2
4
>>> # 直接使用 for 循环难以改变序列元素
>>> L = [1, 2, 3]
>>> for a in L:
...     a+=1   # a 不是引用，L 中对应的元素没有发生改变
>>> print(L)
[1, 2, 3]
>>> # 结合 range 与 len 函数来遍历序列并修改元素
>>> for i in range(len(L)):
...     L[i] += 1   # 通过索引访问
>>> print(L)
[2, 3, 4]
```

4.2.2　编写 while 循环语句

while 循环也是最常用的循环之一，其格式如下。

```
while 布尔表达式:
    程序段
```

只要布尔表达式为真，程序段就会被执行；执行完毕后再次计算布尔表达式，若结果仍然为真，则再次执行程序段，直至布尔表达式为假。while 循环如图 4-2 所示。

while 循环累加一定次数的编程示例如代码 4-8 所示。

代码 4-8　while 循环计数

```
>>> s = 0
>>> while s <= 1:
```

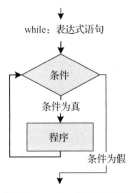

图 4-2　while 循环示意图

```
...    print('计数: ', s)
...    s = s + 1
计数: 0
计数: 1
```

由代码 4-8 可知，当 s 的值小于等于 1 时，输出 s，这里的结果循环到 1，一共输出了两次计数。

当条件判断语句即布尔表达式一直为真时，将进行无限次循环，如代码 4-9 所示。

代码 4-9　无限次循环

```
>>> s = 1
>>> while s <= 1:
...    print('无限次循环')
无限次循环
无限次循环
...
```

在代码 4-9 中的无限次循环可以使用 "Ctrl+C" 组合键来中断执行。此外，还有两个重要的语句 continue、break 用于跳出循环。continue 语句用于跳过当前循环，break 语句则用于退出循环。continue 语句和 break 语句的相关知识将在 4.2.3 小节进行讲解。

4.2.3　运用 break、continue 与 pass 语句

1. break

break 语句在 while 和 for 循环中，用于终止循环语句，即使循环条件没有满足 False 条件或序列还没被完全递归完，也会停止执行循环语句。如果 break 语句使用在嵌套循环中，它可以停止执行最深层的循环，并开始执行下一行代码。

在 while 和 for 循环中使用 break 语句的示例如代码 4-10 所示。

代码 4-10　break 语句的使用

```
>>> s = 0
>>> while True:
...    s += 1
...    if s == 6:  # 满足 s 等于 6 的时候跳出循环
...        break
>>> print(s)
6
>>> for i in range(0,10):
...    print(i)
...    if i == 1:  # 当 i 等于 1 的时候跳出循环
...        break
```

```
0
1
```

由代码 4-10 可知，break 语句是直接跳出整个循环。在 while 循环中，当 s 等于 6 时，结束整个循环。在 for 循环中，当 i 等于 1 时，跳出整个循环。

2. continue

与 break 语句不同的是，continue 语句的作用是跳出本次循环。continue 语句用于告诉 Python 跳过当前循环的剩余语句，继续进行下一轮循环。continue 语句也是用在 while 和 for 循环中的，应用示例如代码 4-11 所示。

代码 4-11　continue 语句的使用

```
>>> s = 3
>>> while s > 0:
...   s = s - 1
...   if s == 1:  # 当 s 等于 1 时跳出本次循环
...       continue
...   print(s)
2
0
>>> for i in range(0, 3):
...   if i == 1:  # 当 i 等于 1 时跳出本次循环
...       continue
...   print(i)
0
2
```

由代码 4-11 可知，while 循环在 s 等于 1 时直接跳过本次循环，继续进行下一轮循环。从运行结果可以看出 for 循环也是如此。

3. pass

pass 是空语句，作用是保持程序结构的完整性。pass 语句不做任何事情，一般用作占位语句。pass 语句应用示例如代码 4-12 所示。

代码 4-12　pass 语句的使用

```
>>> for i in range(0, 3):
...   if i == 1:
...       pass
...       print('pass 块')
...   print(i)
0
```

```
pass 块
1
2
```

由代码 4-12 可知，pass 语句用于在输出结果 0～1 之间占位，此外不做任何事情。

4.2.4 任务实现

根据任务分析，本任务的具体实现过程可以参考以下操作。

（1）创建一个列表 vec。

（2）当连加时，创建一个赋值为 0 的变量 m；当连乘时，创建一个赋值为 1 的变量 n。

（3）编写 for 循环语句。

（4）编写连加或连乘公式。

（5）输出结果。

参考代码如任务实现 4-2 所示。

4.2 实现一组数的连加与连乘

任务实现 4-2

```python
# 连加
vec = [1, 2, 3, 4, 5, 6, 7, 8, 9, 10]
m = 0
for i in vec:
    m = m + i
print(m)

# 连乘
n = 1
for i in vec:
    n =n * i
print(n)
```

任务 4.3 使用冒泡法排序

任务描述

使用冒泡法对数据进行排序是程序流程控制语句中嵌套循环、条件语句和循环语句组合应用的实例之一。本任务将使用冒泡法对数据进行排序。

任务分析

通过以下步骤可完成上述任务。

（1）创建一个列表对象[1,8,2,6,3,9,4,12,0,56,45]。

（2）编写嵌套循环。外循环 i 的取值为 0～列表对象长度-1，内循环 j 的取值为 i+1。

（3）当遍历的列表对象的前一个元素比后一个元素小时，两个元素的位置互换。

（4）输出结果。

4.3.1 掌握嵌套循环

顾名思义，嵌套循环就是在一个循环中嵌入另一个循环。而 Python 是允许在一个循环体中嵌入另一个循环的。例如，可以在 for 循环中嵌入另一个 for 循环，也可以在 for 循环中嵌入 while 循环，还可以在 while 循环中嵌入 for 循环，当然也可以在 while 循环中嵌入 while 循环。

for 循环与 for 循环的嵌套示例如代码 4-13 所示。

代码 4-13　for 循环与 for 循环的嵌套

```
>>> for r in range(3):
...    for c in range(5):
...        print("*", end='')  # 在同一行输出
...    print()  # 换行
*****
*****
*****
```

由代码 4-13 可知，利用嵌套循环可以输出 3 行 5 列的*。

while 循环与 for 循环的嵌套示例如代码 4-14 所示。

代码 4-14　while 循环与 for 循环的嵌套

```
>>> for i in range(0, 11):
...    while(i > 8):
...        print(i * 10)
...        break
90
100
```

由代码 4-14 可知，利用嵌套循环可以在当 i>8 时输出 i 乘以 10 的值。

4.3.2 组合条件与循环

在循环中放入条件语句，可以使循环做更多的事情。for 循环与条件语句的组合应用示例如代码 4-15 所示。

代码 4-15　for 循环与条件语句的组合

```
>>> for x in range(10, 15):  # 迭代 10～14 的数字
...    for i in range(2, x):  # 根据因子迭代
```

```
...            if x % i == 0:  # 确定第一个因子
...                j = x / i  # 计算第二个因子
...                print('%d 等于 %d * %d' % (x, i, j))
...                break  # 跳出当前循环
...          else:  # 循环的 else 部分
...              print(x, '是一个质数')
...              break  # 跳出当前循环
10 等于 2 * 5
11 是一个质数
12 等于 2 * 6
13 是一个质数
14 等于 2 * 7
```

代码 4-15 是使用 for 循环和 if 条件语句判断数据是否为质数并输出结果。if 语句后面表达式的意思是判断 x 对 i 求余是否为 0，当求余为 0 时，x 就不是质数，否则为质数。

while 循环与条件语句的组合应用示例如代码 4-16 所示。

代码 4-16　while 循环与条件语句的组合

```
>>> count = 0
>>> while count < 5:
...     if count > 3:
...         print(count ** 2)
...     else:
...         print(count)
...     count = count + 1
0
1
2
3
16
```

由代码 4-16 可知，在 while 循环中设置条件语句，当 count 大于 3 时输出 count 的平方值。

4.3.3　任务实现

根据任务分析，本任务的具体实现过程可以参考以下操作。

（1）创建列表 mppx。

（2）编写 for 循环与 for 循环的嵌套循环，外循环 i 的取值为 range(len(mppx))，内循环 j 的取值为 range(i+1)。

（3）设置条件语句，当列表中的后一个元素比前一个元素大时，将它们的位置互换。

4.3　使用冒泡法排序

（4）输出结果。

参考代码如任务实现 4-3 所示。

任务实现 4-3

```
# 冒泡排序
mppx = [1, 8, 2, 6, 3, 9, 4, 12, 0, 56, 45]  # 定义列表
for i in range(len(mppx)):
    for j in range(i + 1):
        if mppx[i] < mppx[j]:
            mppx[i], mppx[j] = mppx[j], mppx[i]  # 实现两个元素位置的互换
print(mppx)
```

任务 4.4　输出数字金字塔

任务描述

4.1～4.3 节讲解了条件语句和循环语句的编程实现，本任务将运用嵌套循环和多变量迭代实现输出数字金字塔，达到输入一个数字即可自动输出数字金字塔的效果。

任务分析

通过以下步骤可完成上述任务。

（1）设置输入语句，输入数字。

（2）创建变量来存放金字塔层数。

（3）编写嵌套循环，控制变量存放每一层的长度。

（4）设置条件来输出每一行的数字。

（5）输出结果。

4.4.1　多变量迭代

如果给定一个列表或元组，通过 for 循环可以遍历这个列表或元组，那么这种遍历称为迭代（Iteration）。在 Python 中，迭代是通过 for in 语句来完成的。Python 的 for 循环不仅可以用在列表或元组上，而且可以作用在其他可迭代的对象上。list 数据类型有下标，但很多其他数据类型是没有下标的，只要是可迭代对象，无论有无下标，都可以进行迭代。字典的迭代示例如代码 4-17 所示。

代码 4-17　字典的迭代

```
>>> d = {'a': 1, 'b': 2, 'c': 3}
>>> for key in d:
...     print(key)
a
```

```
b
c
```

在代码 4-17 中，因为字典的元素存储不是按照列表的方式顺序排列的，所以迭代出的结果顺序很可能和原顺序不一样。

在 Python 中，使用 for 循环同时引用两个变量的示例如代码 4-18 所示。

代码 4-18　for 循环同时引用两个变量

```
>>> for x, y in [(1, 1), (2, 4), (3, 9)]:
...     print(x, y)
1 1
2 4
3 9
```

除此之外，使用 for 循环同时引用 3 个变量的示例如代码 4-19 所示。

代码 4-19　for 循环同时引用 3 个变量

```
>>> for x, y, z in [(1, 2, 3), (4, 5, 6), (7, 8, 9)]:
...     print(x, y, z)
1 2 3
4 5 6
7 8 9
```

4.4.2　创建列表解析

列表解析也可以称为列表推导式，是一种高效创建新列表的方式，可以用于动态创建列表。列表解析是 Python 迭代机制的一种应用，它常用于创建新的列表。列表解析示例如代码 4-20 所示。

代码 4-20　列表解析示例

```
>>> print([x ** 3 for x in range(6)])   # 计算 x 的 3 次幂
[0, 1, 8, 27, 64, 125]
>>> seq = [1, 2, 3, 4, 5, 6, 7, 8]
>>> print([x for x in seq if x % 2])   # 当 x%2 为 1 时取值
[1, 3, 5, 7]
```

由代码 4-20 可知，列表解析的形式简单。

使用列表解析实现嵌套循环语句的示例如代码 4-21 所示。

代码 4-21　列表解析嵌套循环示例

```
>>> print([(i, j) for i in range(0, 3) for j in range(0, 3)])
[(0, 0), (0, 1), (0, 2), (1, 0), (1, 1), (1, 2), (2, 0), (2, 1), (2, 2)]
```

```
>>> print([(i, j) for i in range(0, 3) if i < 1 for j in range(0, 3) if j > 1])
[(0, 2)]
```

由代码 4-21 可知，列表解析不仅可以运用到嵌套循环中，而且可以在其中增加条件判断语句。使用列表解析创建新列表的实现效率更高，且代码更加简洁。

4.4.3 任务实现

根据任务分析，本任务的具体实现过程可以参考以下操作。

（1）利用 input 函数设置输入语句，输入数字。

（2）创建变量 level 存放金字塔层数。

（3）编写嵌套循环，创建变量 kk 用于存放每一层长度，设置变量 t 等于金字塔层数，设置变量 length 存放 2*t-1。在内循环中划分 kk 等于 1 时与 kk 不等于 1 时的情况。

（4）利用 format 函数设置公式来输出每一行的数字。

（5）输出结果。

参考代码如任务实现 4-4 所示。

4.4 输出数字金字塔

任务实现 4-4

```
num = int(input('输入一个整数:'))
print('数字金字塔显示如下:')
level = 1  # 金字塔的高度即层数
while level <= num:
    kk = 1  # 每一层长度计数
    t = level
    length = 2 * t - 1
    while kk <= length:
        if kk == 1:
            if kk == length:
                print(format(t, str(2 * num - 1) + 'd'), '\n')
                break
            else:
                print(format(t, str(2 * num + 1 - 2 * level) + 'd'), '',
                    end = '')
                t -= 1
        else:
            if kk == length:
                print(t, '\n')
                break
            elif kk <= length / 2:
```

```
        print(t, '', end = '')
        t -= 1
    else:
        print(t, '', end = '')
        t += 1
    kk += 1
level += 1
```

小结

本章介绍了流程控制语句，主要为分支语句、循环语句，其中分支语句主要包括单分支（if）、双分支（if-else）和多分支（if-elif-else），循环语句包括 for 循环、while 循环、break 语句、continue 语句和 pass 语句；同时还介绍了 Python 的嵌套循环和变量迭代，嵌套循环包含 for 循环的嵌套和 while 循环的嵌套，变量迭代包含单变量迭代、两个及多个变量迭代；此外，还介绍了列表解析式。

实训

实训 1　使用条件语句实现 QQ 登录

1. 训练要点

（1）掌握变量的创建方法及变量赋值运算的使用方法。

（2）掌握 if-elif-else 条件语句的应用。

（3）掌握比较运算符的应用。

（4）掌握输入语句的使用方法。

2. 需求说明

使用条件语句实现 QQ 登录：若用户名和密码都输入正确，则提示登录成功；若用户名和密码两者中有一个输入不正确，则提示错误。创建两个变量分别存放设置的用户名和密码，变量类型分别为字符型和整型。当分别输入用户名和密码时，利用条件语句判断输入的用户名与密码是否与设置的用户名和密码一致。

3. 实训思路及步骤

（1）创建变量 user 用于存放设置的用户名，创建变量 password 用于存放设置的密码。

（2）利用 input 函数获取输入的用户名与密码。

（3）在条件语句中，当输入的用户名和密码与设置的用户名和密码不一致时，输出错误提示（"用户名错误""密码错误"或"用户名和密码错误"）。

（4）当输入的用户名和密码都正确时，输出登录成功的提示。

实训 2 使用 for 循环输出斐波那契数列并求和

1．训练要点

（1）掌握变量的创建方法及变量赋值运算的使用方法。

（2）掌握 for 循环和 range 函数的组合应用。

2．需求说明

有一个数列，前两项都是 1，从第三项开始，每一项都是前两项之和，这样的数列被称为斐波那契数列。斐波那契数列公式如式（4-1）所示。

$$F_1 = F_2 = 1, F_n = F_{n-1} + F_{n-2} \quad (n \geqslant 3, n \in \mathrm{N}^+) \tag{4-1}$$

使用 for 循环，输出斐波那契数列的前 15 项并对数列使用 sum 函数进行求和。数列输出类型为列表，求和数值输出类型为整型。

3．实训思路及步骤

（1）创建 fib_a、fib_b 两个变量用于斐波那契数列前两项的计算，并设置变量的初始值为 1。

（2）创建 fibonacci_seq 列表，并设置列表的初始值为[1,1]。

（3）创建 for 循环，迭代 range 函数所生成的对象，迭代对象范围为 0 至 14。

（4）根据斐波那契数列公式对数列进行计算，并将计算结果依次添加至 fibonacci_seq 列表中。

（5）利用 sum 函数对斐波那契数列列表进行求和。

（6）根据输出格式输出数列及数列的求和数值。

课后习题

1．选择题

（1）当 if i>1 语句返回值为（　　）时可进入条件分支。

    A．0　　　　　　　　B．False　　　　　　C．[]　　　　　　　　D．True

（2）实现一个条件判断可以只用（　　）语句。

    A．if　　　　　　　　B．elif　　　　　　　C．continue　　　　D．else

（3）可以使用（　　）语句跳过当前循环的剩余语句，终止本次循环。

    A．pass　　　　　　　B．continue　　　　　C．break　　　　　　D．以上均可以

（4）列表解析式[i for i in range(5)]返回的结果是（　　）。

    A．[0, 1, 2, 3, 4, 5]　B．[0, 1, 2, 3, 4]　C．[1, 2, 3, 4, 5]　　D．以上均不正确

（5）以下代码中不能正确运行出结果的是（　　）。

    A．[print(x,y) for x,y in [(1,1),(1,1),(1,1)]]

    B．[print(x) for x,y in [(1,1),(1,1),(1,1)]]

    C．[x,y for x,y in [(1,1),(1,1),(1,1)]]

    D．以上均不可以

（6）列表解析式[i for i in range(1,10,3)]返回的结果是（　　　）。

  A．[1, 4, 7]   B．[1, 3, 6]   C．[3, 6, 9]   D．以上均不正确

（7）下列选项中的代码可以正确运行的是（　　　）。

  A．[i for i in 1,2,3]   B．[i for i in range(3)]

  C．[i for i in 3]   D．以上均可以

（8）列表解析式[i for i,j in [(1, 2),(2, 1),(1, 3),(3, 1)] if i > j]返回的结果是（　　　）。

  A．[1, 3]   B．[2, 3]   C．[(2, 1),(3, 1)] D．以上均不正确

（9）列表解析式[i * j for i in range(1, 4) for j in range(1, 4) if i > j]返回的结果是（　　　）。

  A．[1, 2, 3, 4] B．[1, 4, 16] C．[2, 3, 6]   D．以上均不正确

（10）在 Python 中（　　　）语句不做任何事情，一般用作占位语句。

  A．range   B．continue C．pass   D．break

2．操作题

（1）使用列表解析式输出自定义列表 A=[1, 2, 3, 4, 5, 6, 7, 8, 9, 10]中的偶数。

（2）使用 for 循环输出所有 3 位数中的素数。

（3）使用程序计算整数 N 到整数 N+100 之间（不包含 N+100）所有奇数的数值和，并将结果输出。

第 5 章 函数

函数是 Python 为了使代码效率最大化，减少冗余而提供的最基本的程序结构。第 4 章介绍了众多流程控制语句，在大、中型程序中，同一段代码可能会被重复使用，但如果程序由一段冗余的流程控制语句组成，那么程序的可读性会变差。使用函数封装这些重复使用的程序段，并加以注释，在下次使用时直接调用，可以使代码更加清晰、简洁。

本书前 4 章的内容虽然没有介绍函数封装的概念，但是在第 3 章已经有所涉及。例如，列表操作的各种方法都是函数。一般情况下程序开发人员没有必要去探究数据结构源码具体是如何编写的，每种数据结构都会提供众多的函数和相应的说明文档，那么仅需要知道函数的输入和输出即可使用数据结构进行编程。

学习目标

（1）认识自定义函数，了解自定义函数的调用过程。
（2）掌握函数的参数设置和返回函数（return 函数）用法。
（3）掌握嵌套函数的使用方法。
（4）掌握局部变量和全局变量的用法。
（5）掌握匿名函数和其他高阶函数的使用方法。
（6）掌握存储并导入函数模块的方法。

05 函数

思维导图

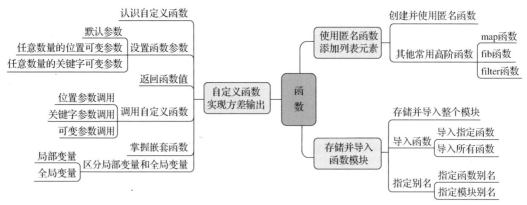

任务描述

函数实现了对整段程序逻辑的封装，是程序逻辑的结构化或过程化的一种编程方法。使用函数，可以将实现某个功能的整块代码从程序代码中隔离开来，也可以避免在程序中出现大段重复代码。同时，在维护时只需要对函数内部进行修改即可，而不用去修改大量代码的副本。通过使用 def 关键字定义一个求列表方差的自定义函数。

任务分析

通过以下步骤可以完成上述任务。

（1）自定义列表的求和函数和求完全平方差函数。

（2）依据求和函数求列表的均值。

（3）依据求完全平方差函数求列表的方差。

5.1.1　认识自定义函数

Python 跟其他编程语言一样，也提供了自定义函数的功能。使用 def 关键字可以定义函数，格式如下。

```
def function(par1, par2, …):
    suite
    return expression
```

其中 function 为函数名，括号内包含将要在函数体中使用的形式参数（简称形参），定义语句以冒号结束；suite 为函数体，其缩进为 4 个空格或一个制表符；expression 为返回值的表达式。函数定义示例如代码 5-1 所示。

代码 5-1　函数定义

```
>>> def my_function(parameter):  # 输出传入的任何字符串
...     print(parameter)  # print 与 return 没有关系，也不会相互影响
...     return 'parameter is ' + parameter
```

由代码 5-1 可知，函数的名称为 my_function，输入参数是 parameter，输出参数是 parameter，返回加上 "parameter is" 字符串。Python 的简洁性可以从函数中体现出来，Python 的参数不需要声明数据类型，但这也有一定的弊端，程序人员可能会因不清楚参数的数据类型而输入错误的参数。例如，若执行 my_function(1)，将会报错。为了避免这类问题发生，一般会在函数的开头注明函数的用途、输入和输出。

5.1.2　设置函数参数

在 Python 中，函数参数主要有以下 4 种。

（1）位置参数。调用函数时根据函数定义的位置参数来传递参数。

Python 编程基础（第 2 版）（微课版）

（2）关键字参数。关键字参数通过"键-值"形式加以指定，可以让函数更加清晰，容易使用，同时也消除了参数的顺序要求。

（3）默认参数。定义函数时为参数提供了默认值的参数为默认参数，在调用函数时，默认参数的值可传可不传。需要注意的是，所有的位置参数必须出现在默认参数前，包括函数定义和调用。

（4）可变参数。当定义函数时，有时候不确定调用时会传递多少个参数（不传参数也可以），此时，可用定义任意位置参数或者关键字参数的方法来进行参数传递，非常方便。

1. 默认参数

在调用内建函数的时候，往往会发现很多函数提供了默认的参数。默认参数为程序开发人员提供了极大的便利，特别是对于初次接触相应函数的人来说更是意义重大。默认参数为设置函数的参数值提供了参考。

下面定义一个计算利息的函数，如代码 5-2 所示。其中，天数的默认值为 1，年化利率的默认值为 0.05，即 5%。

代码 5-2　默认参数

```
>>> def interest(money, day=1, interest_rate=0.05):
...     income = 0
...     income = money * interest_rate * day / 365
...     print(income)
```

当仅需要计算单日利息时，只需要输入本金的数值即可，如代码 5-3 所示。

代码 5-3　默认参数使用

```
>>> print(interest(5000))    # 本金为 5000，年化利率为默认值 0.05 时的单日利息
0.684931506849315
>>> print(interest(10000))    # 本金为 10000，年化利率为默认值 0.05 时的单日利息
1.36986301369863
```

对于开发人员而言，设置默认参数能让他们更好地控制软件。如果提供了默认参数，那么开发人员可以设置期望的"最好"的默认值；而对于用户而言，也能避免初次使用函数便遇到要设置大量参数的窘境。

2. 任意数量的位置可变参数

定义函数时需要定义函数的参数个数，通常情况下，参数个数表示了函数可调用的参数个数的上限。当定义函数时，如果无法得知参数个数的情况，可以使用*args 和**kwargs 定义可变参数。在可变参数之前可以定义 0 到任意多个参数。注意，可变参数永远放在参数的最后面。

在定义任意数量的位置参数时需要一个星号（*）前缀来表示，在传递参数的时候，可以在原有的参数后面添加 0 个或多个参数，这些参数将会被放在元组内并传入函数。任意

数量的位置可变参数必须定义在位置参数或关键字参数之后，如代码 5-4 所示。

代码 5-4 任意数量的位置可变参数

```
>>> def exp(x, y, *args):
...     print('x:', x)
...     print('y:', y)
...     print('args:', args)
>>> exp(1, 5, 66, 55, 'abc')
x: 1
y: 5
args: (66, 55, 'abc')
```

代码 5-4 中定义了两个参数 x 和 y，之后定义了可变参数*args。*args 参数传入函数后存储在一个元组中。

3. 任意数量的关键字可变参数

在定义任意数量的关键字可变参数时，参数名称前面需要有两个星号（**）作为前缀。在传递参数时，可以在原有的参数后面添加任意数量的关键字可变参数，这些参数会被放到字典内并传入函数中，如代码 5-5 所示。任意数量的关键字可变参数必须在所有带默认值的参数之后，顺序不可以调转。

代码 5-5 任意数量的关键字可变参数

```
>>> def exp(x, y, *args, **kwargs):
...     print('x:', x)
...     print('y:', y)
...     print('args:', args)
...     print('kwargs:', kwargs)
>>> exp(1, 2, 2, 4, 6, a='c', b=1)
x: 1
y: 2
args: (2, 4, 6)
kwargs: {'a': 'c', 'b': 1}
```

在代码 5-5 中，函数传入了 "1, 2, 2, 4, 6, a='c', b=1"，总共 7 个参数。其中，1 和 2 被函数识别为 x 和 y，"2, 4, 6" 被识别为*args 并存储在元组(2,4,6)中，"a='c', b=1" 被识别为**kwargs 并存储在带有关键字的字典中。

5.1.3 返回函数值

函数可以处理一些数据，并返回一个或一组值。函数返回的值称为返回值。在代码 5-2 中定义的函数执行了 print 操作但无返回值，如果需要保存或调用函数的返回值，那么需要使用 return 函数，如代码 5-6 所示。

代码 5-6　return 函数

```
>>> def interest_r(money, day=1, interest_rate=0.05):
...     income = 0
...     income = money * interest_rate * day / 365
...     return income
```

print 函数仅是输出对象，输出的对象无法保存或被调用，而 return 函数返回的运行结果可以保存为一个对象供其他函数调用，如代码 5-7 所示。

代码 5-7　print 函数和 return 函数的区别

```
>>> x = interest(1000)
0.136986301369863
>>> y = interest_r(1000)
>>> print(y)
0.136986301369863
```

Python 对函数返回值的数据类型没有限制，包括列表和字典等复杂的数据结构。当程序执行到函数中的 return 语句时，会将指定的值返回并结束函数，return 语句后面的语句将不会被执行。

5.1.4　调用自定义函数

在 Python 中使用"函数名()"的格式对函数进行调用。根据参数传入方式的不同，总共有 3 种函数调用方式，分别为位置参数调用、关键字参数调用和可变参数调用。

1. 位置参数调用

位置参数调用是函数调用最常用的方式，函数的参数严格按照函数定义时的位置传入，顺序不可以调换，否则会影响输出结果或直接报错。例如，range 函数定义的 3 个参数 start、stop、step 需按照顺序传入，如代码 5-8 所示。

代码 5-8　传入位置参数

```
>>> print(list(range(0, 10, 2)))   # 按 start=0, stop=10, step=2 的顺序传入
[0, 2, 4, 6, 8]
>>> print(list(range(10, 0, 2)))   # 调转 start 和 stop 的顺序后传入
[]
>>> print(list(range(10, 2, 0)))   # 调转全部参数的顺序后传入
ValueError: range() arg 3 must not be zero
```

当函数的参数有默认值时，可以不设置相应函数参数，因为此时的函数会使用默认的参数，如代码 5-9 所示。

代码 5-9 调用位置参数

```
>>> print(list(range(0, 10, 1)))
[0, 1, 2, 3, 4, 5, 6, 7, 8, 9]
>>> print(list(range(10)))
[0, 1, 2, 3, 4, 5, 6, 7, 8, 9]
```

2. 关键字参数调用

除了可以使用位置参数对函数进行调用外，还可以使用关键字参数对函数进行调用。当使用关键字参数时，可以不严格按照定义参数时参数的顺序传入值，因为解释器会自动按照关键字进行匹配。例如，代码 5-2 定义的 interest 函数，其参数 money、day 和 interest_rate 即为关键字参数，设置示例如代码 5-10 所示。

代码 5-10 设置关键字参数

```
>>> print(interest(money=5000, day=7, interest_rate=0.06))
5.7534246575342465
>>> print(interest(day=7, money=5000, interest_rate=0.06))
5.7534246575342465
```

关键字参数也可以与位置参数混用，但关键字参数必须跟在位置参数后面，否则运行将会报错，如代码 5-11 所示。

代码 5-11 关键字参数与位置参数的混用

```
>>> print(interest(10000, day=7, interest_rate=0.06))
11.506849315068493
>>> print(interest(10000, interest_rate=0.06, day=7))
11.506849315068493
>>> # 位置参数必须在关键字参数前面，否则会报错
>>> print(interest(interest_rate=0.06, 7, money=10000))
SyntaxError: positional argument follows keyword argument
```

3. 可变参数调用

使用*arg 位置可变参数列表可以直接将元组或列表转换为参数，然后传入函数，如代码 5-12 所示。

代码 5-12 调用*arg 位置可变参数

```
>>> arg = [0, 10, 2]
>>> print(list(range(*arg)))
[0, 2, 4, 6, 8]
```

使用**kwargs 关键字可变参数列表可以直接将字典转换为关键字参数，然后传入函数中，如代码 5-13 所示。

Python 编程基础（第 2 版）（微课版）

代码 5-13　调用**kwargs 关键字可变参数

```
>>> def user(username, age, **kwargs):
...     print('username:', username,
...           'age:', age,
...           'other:', kwargs)
>>> user('john', 27, city='guangzhou', job='Data Analyst')
username: john age: 27 other: {'city': 'guangzhou', 'job': 'Data Analyst'}
>>> kw={'age':27, 'city':'guangzhou', 'job':'Data Analyst'}
>>> user('john', **kw)
username: john age: 27 other: {'city': 'guangzhou', 'job': 'Data Analyst'}
```

5.1.5　掌握嵌套函数

Python 允许在函数中定义另外一个函数，即函数嵌套。定义在其他函数内部的函数称为内建函数，而包含内建函数的函数称为外部函数。需要注意的是，内建函数中的局部变量独立于外部函数，如果外部函数想要使用，那么需要声明相应变量为全局变量。

如果需要定义一个求均值的函数，那么需要先计算数值的和，可以在求均值函数的内部内建一个求和函数，如代码 5-14 所示。

代码 5-14　定义求均值函数

```
>>> def mean (*args):   # 定义求均值函数
...     m = 0
...     def sum(x):   # 内建求和函数
...         sum1 = 0
...         for i in x:
...             sum1 += i
...         return sum1
...     m = sum(args) / len(args)
...     return m
```

Python 也将函数视为对象，因此允许外部函数在返回结果时直接调用内部函数的结果。如代码 5-15 所示，可以对求均值函数做简化，令其直接返回求和函数的结果。

代码 5-15　简化求均值函数

```
>>> def means (*args):
...     def sum(x):
...         sum1 = 0
...         for i in x:
...             sum1 += i
...         return sum1
...     return sum(args) / len(args)   # 直接返回 sum 函数的结果
```

5.1.6 区分局部变量和全局变量

Python 创建、改变或查找变量名都是在命名空间中进行的，更准确地说，是在特定的作用域下进行的，所以需要使用某个变量名时，应清楚地知道其作用域。由于 Python 不能声明变量，所以变量在第一次被赋值时，即与一个特定作用域绑定。定义在函数内部的变量拥有一个局部作用域，定义在函数外部的变量拥有全局作用域。

1. 局部变量

定义函数时往往需要在函数内部对变量进行定义和赋值，在函数体内定义的变量即为局部变量。例如，定义一个求和函数，如代码 5-16 所示。

代码 5-16　定义求和函数

```
>>> def sum(*arg):
...    sum1 = 0
...    for i in range(len(arg)):
...        sum1 += arg[i]
...    return sum1
```

代码 5-16 函数体内定义了一个局部变量 sum1，所有针对该变量的操作仅在函数体内有效，如代码 5-17 所示。

代码 5-17　局部变量

```
>>> print(sum(1, 2, 3, 4, 5))
15
>>> print(sum1)
NameError: name 'sum1' is not defined
```

2. 全局变量

与局部变量对应，定义在函数体外部的变量为全局变量。全局变量可以在函数体内被调用，如代码 5-18 所示。

代码 5-18　全局变量

```
>>> sum0 = 10
>>> def fun():
...    sum_global = sum0+100
...    return sum_global
>>> print(fun())
110
```

需要注意的是，全局变量不能在函数体内直接被赋值，否则会报错，如代码 5-19 所示。

代码 5-19　全局变量不能在函数体中被直接赋值

```
>>> sum1=0
>>> def sum(*arg):
...    for i in range(len(arg)):
...        sum1 += arg[i]
...    return sum1
>>> print(sum(1, 2, 3, 4))
UnboundLocalError: local variable 'sum1' referenced before assignment
```

若同时存在全局变量和局部变量，则函数体将会使用局部变量对全局变量进行覆盖，如代码 5-20 所示。

代码 5-20　局部变量覆盖全局变量

```
>>> sum1=10
>>> def sum(*arg):
...    sum1 = 0
...    for i in range(len(arg)):
...        sum1 += arg[i]
...    return sum1
>>> print(sum(1, 3, 4, 5))
13
```

显然，在代码 5-20 中，函数使用的是函数体内部的局部变量 sum1= 0。

如果想要在函数体内对全局变量赋值，那么需要使用关键字 global（在嵌套函数中，nonlocal 的用法和 global 一样），将代码 5-19 改为代码 5-21 所示的形式。

代码 5-21　使用关键字在函数体内对全局变量赋值

```
>>> sum1=0
>>> def sum(*arg):
...    global sum1
...    for i in range(len(arg)):
...        sum1 += arg[i]
...    return sum1
>>> print(sum(1, 3, 5, 7))
16
>>> print(sum1)
16
>>> print(sum(1,3,5,7))
32
```

需要注意的是，虽然关键字 global 很好用，但是建议在程序中尽量少用，因为它会使代码变得混乱，从而使代码的可读性变差。相反，局部变量会使代码更加抽象，封装性更好。

5.1.7 任务实现

常见的方差计算公式如式（5-1）所示。

$$S^2 = \frac{(x_1 - m)^2 + (x_2 - m)^2 + \cdots + (x_n - m)^2}{n} \tag{5-1}$$

在式（5-1）中，S^2 表示方差，$x_1 \sim x_n$ 表示需计算方差的数据，m 表示平均数，n 表示需计算方差的数据个数。

要实现一个计算方差的函数，可以按以下思路进行设计。

（1）构建求和函数 sum。

（2）构建求均值函数 mean，需调用求和函数 sum 的结果。

（3）构建求完全平方差函数 sums，需调用均值函数 mean 的结果。

（4）构建求方差函数 var，需调用求完全平方差函数 sums 的结果。

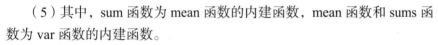

5.1 自定义函数
实现方差输出

（5）其中，sum 函数为 mean 函数的内建函数，mean 函数和 sums 函数为 var 函数的内建函数。

参考代码如任务实现 5-1 所示。

任务实现 5-1

```
# 构建方差函数示例:
def var(*args):  # 主体求方差函数
    def mean(z):  # 内建求均值函数
        def sum(x):  # 内建求和函数
            sum1 = 0
            for i in x:
                sum1 += i
            return sum1
        return sum(args) / len(args)  # 直接返回 sum 函数的结果
    def sums(y):  # 内建求完全平方差函数
        sum2 = 0
        for i in y:
            sum2 += (i-mean(args)) ** 2
        return sum2
    # 计算方差
    return sums(args) / len(args)
```

任务 5.2　使用匿名函数添加列表元素

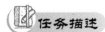 **任务描述**

在 Python 中有一些常用的高阶内置函数，如 lambda 函数、map 函数、fib 函数和 filter 函数等。要为一个空列表加入一组累加数据，除了可以用自定义函数的方式实现外，也可以用匿名函数和 map 函数实现。

任务分析

通过以下步骤可完成上述任务。

（1）自定义一个累加函数。

（2）创建一个空列表。

（3）用循环结构把累加后的结果添加进列表。

（4）使用匿名函数代替累加函数，再将计算结果添加至列表。

（5）使用 map 函数快速实现数据的累加，以及列表元素的添加。

5.2.1　创建并使用匿名函数

Python 允许使用 lambda 函数创建匿名函数，也就是说函数没有具体的名称。读者可能会产生疑惑：函数没有名称应该不是好事。实际上，当需要定义一个功能简单但不经常使用的函数来执行脚本时，即可使用 lambda 创建匿名函数，从而省去定义函数的过程。对一些抽象的、不会在其他地方重复使用的函数，有时候给函数命名也很麻烦（需要避免函数重名），而使用 lambda 函数则不需要考虑函数命名的问题，同时可以避免函数的重复使用。

在 lambda 函数中，冒号前是函数参数，若有多个参数，须使用逗号分隔，冒号后是返回值。与使用 def 关键字创建函数对象不同的是，使用 lambda 函数创建的函数对象没有名称。

使用 lambda 函数创建函数的示例如代码 5-22 所示。

代码 5-22　使用 lambda 函数创建函数

```
>>> example = lambda x : x ** 3
>>> print(example)
<function <lambda> at 0x0000000029E2DD30>
>>> print(example(2))
8
```

用 lambda 函数创建函数对象时，应该注意以下 4 点。

（1）lambda 定义的是单行函数，如果需要复杂的函数，应使用 def 关键字。

（2）lambda 函数可以包含多个参数。

（3）lambda 函数有且只有一个返回值。

（4）在 lambda 函数中的表达式不能含有命令，且仅限一条表达式。这是为了避免匿名函数的滥用，过于复杂的匿名函数反而不易于解读。

Python 允许将 lambda 函数作为对象赋值给变量，然后使用变量名进行调用。例如，在 Python 的数学库中只有以自然底数 e 和 10 为底的对数函数，而使用 lambda 函数即可创建指定某个数为底的对数函数，如代码 5-23 所示。

代码 5-23　使用 lambda 函数创建对数函数

```
>>> from math import log  # 引入 Python 数学库的对数函数
>>> # 此函数用于返回一个以 base 为底的匿名对数函数
>>> def make_logarithmic_function(base):
...    return lambda x : log(x, base)
>>> # 创建一个以 3 为底的匿名对数函数，并赋值
>>> my_log = make_logarithmic_function(3)
>>> # 调用匿名函数 my_log，底数已经设置为 3，只需设置真数即可
>>> # 如果使用 log 函数，那么需要同时设置真数和底数
>>> print(my_log(9))
2.0
```

5.2.2　其他常用高阶函数

除了 lambda 函数外，Python 中还有其他常用的高阶内置函数，如 map 函数、fib 函数和 filter 函数。

1. map 函数

map 函数是 Python 内置的高阶函数，它的基本样式为 map(func,list)。其中，func 是一个函数，list 是一个序列对象。在执行的时候，通过把函数 func 按照从左到右的顺序依次作用在 list 的每个元素上，得到一个新的 list 并返回。

注意

map 函数不改变原有的 list，只是返回一个新的 list。

使用 map 函数也能实现代码 5-22 的操作，如代码 5-24 所示。

代码 5-24　使用 map 函数实现代码 5-22 的操作

```
>>> def add(x):
...    x **= 3
...    return x
>>> numbers = list(range(10))
>>> num1 = list(map(add, numbers))
>>> num2 = list(map(lambda x: x**3, numbers))  # 速度快，可读性强
```

2. fib 函数

fib 函数是一个递归函数，最典型的递归示例之一是斐波那契数列。根据斐波那契数列的定义，可以直接写出斐波那契递归函数。fib 函数示例如代码 5-25 所示。

代码 5-25　fib 函数示例

```
>>> def fib(n):
...     if n <= 2 :
...         return 2
...     else:
...         return fib(n - 1) + fib(n - 2)
>>> f = fib(10)
>>> print(f)
110
```

在代码 5-25 中，"fib(n–1)+fib(n–2)"是调用了 fib 函数自己从而实现递归的。为了明确递归的过程，介绍其计算过程如下（令 n = 3）。

（1）n=3，调用 fib(3)，判断后需计算 fib(3–1)+fib(3–2)。

（2）先看 fib(3–1)，即 fib(2)，返回结果为 2。

（3）再看 fib(3–2)，即 fib(1)，返回结果也为 2。

（4）最后计算第（1）步，结果为 fib(n–1)+fib(n–2)=2+2=4，将结果返回。

从而得到 fib(3)的结果为 4。从计算过程可知，每个递归的过程都是向着最初的已知条件方向得到结果，然后一层层向上反馈计算结果。

3. filter 函数

filter 函数是 Python 内置的另一个常用的高阶函数。filter 函数接收一个函数 func 和一个 list，函数 func 的作用是对每个元素进行判断，通过返回 True 或 False 来过滤掉不符合条件的元素，将符合条件的元素组成新的 list。filter 函数示例如代码 5-26 所示。

代码 5-26　filter 函数示例

```
>>> print(list(filter(lambda x: x % 2 == 1, [1, 4, 6, 7, 9, 12, 17])))
[1, 7, 9, 17]
>>> s = list(filter(lambda c: c != 'o', 'i love python and R!'))
>>> s = ''.join(s)   # 变为字符型
>>> print(s)
i love python and R!
```

虽然 Python 支持许多有价值的函数式编程语言构建，表现得也像函数式编程机制，但是从传统上来讲，它却不能被认为是函数式编程语言。高阶函数虽然对程序的性能提高无显著效果，但是在代码简洁性方面的提升还是很明显的，这也体现出了 Python 优雅简洁的特点。

5.2.3 任务实现

根据任务分析，本任务的具体实现过程可以参考以下操作。

（1）使用 def 关键字定义一个累加函数 add。

（2）创建一个空列表。

（3）用循环结构 for i in range(10)对列表进行数据累加后的元素添加（list.append()）。

（4）使用匿名函数代替累加函数，并将计算结果添加至列表。

（5）使用 map 函数快速实现数据的累加，以及列表元素的添加。

5.2 使用匿名函数
添加列表元素

参考代码如任务实现 5-2 所示。

任务实现 5-2

```python
# 正常方式
def add(x):
    x += 3
    return x


new_numbers = []
for i in range(10):
    new_numbers.append(add(i))   # 调用 add 函数，并将返回的结果添加到 list 中
print(new_numbers)


# lambda 函数方式（匿名函数）
lam = lambda x: x + 3
n2 = []
for i in range(10):
    n2.append(lam(i))
print(n2)
# 或
lam = lambda x: x + 3
n1 = []
[n1.append(lam(i)) for i in range(10)]
print(n1)


# map 函数方式
numbers = list(range(10))
map(add, numbers)
aa = list(map(lambda x: x + 3, numbers))
print([aaa ** 2 for aaa in aa])   # 速度快，可读性强
```

任务 5.3　　存储并导入函数模块

 任务描述

本章开头提到了"封装"这个概念，本任务将实现简单的封装，将自定义函数封装为函数模块，然后在程序中导入模块，再调用里面的函数。

 任务分析

通过以下步骤可完成上述任务。

（1）将方差函数封装并命名。

（2）导入封装好的函数模块。

（3）导入模块中特定的函数。

（4）给函数指定别名。

（5）给函数模块指定别名。

（6）导入模块中的所有函数。

5.3.1　存储并导入整个模块

模块是最高级别的程序组织单元，它能够将程序代码和数据封装以便重用。模块往往对应了 Python 的脚本文件（.py），包含了该模块定义的所有函数和变量。模块可以被别的程序导入，以便程序使用其中的函数等功能，这也是使用 Python 标准库的方法。导入模块后，在模块文件中定义的所有变量名都会以被导入模块对象的成员的形式被调用。简而言之，模块文件的全局作用域变成了模块对象的局部作用域。

如果要导入模块中的函数，那么需要先创建一个模块。创建一个包含 make_steak 函数的模块，如代码 5-27 所示。

代码 5-27　创建模块

```
>>> def make_steak(d, *other):
...     '''做一份牛排'''
...     print('Make a steak well done in %d ' % d + 'with the other:')
...     for o in other:
...         print('- ' + o)
```

将代码 5-27 中的代码块保存为 steak.py，并存放在当前路径。导入这个模块，并且调用里面的 make_steak 函数，如代码 5-28 所示。

代码 5-28　调用模块中的函数

```
>>> import steak
>>> steak.make_steak(9, 'salad')
```

```
Make a steak well done in 9 with the other:
- salad
```

使用 import 语句可以通过模块名导入指定的模块，以便在程序中使用该模块中的所有函数，但是需要以模块名作前缀。

5.3.2 导入函数

1. 导入指定函数

在 Python 中可以导入模块中的指定函数，指定函数可以是多个。以 steak.py 为例，只导入需要使用的函数的操作如代码 5-29 所示。

代码 5-29　导入指定函数

```
>>> from steak import make_steak
>>> make_steak(9, 'salad')
Make a steak well done in 9 with the other:
- salad
```

若使用导入指定函数的方法，则调用函数时将不需要加模块名作前缀，直接使用函数名称即可，但如果模块中的函数较多，那么导入指定函数的方法会比较烦琐。

2. 导入所有函数

如果模块中的函数较多，并需要导入所有函数，那么可以使用星号（*）运算符导入所有的函数，如代码 5-30 所示。

代码 5-30　导入所有函数

```
>>> from steak import *
>>> make_steak(9, 'salad')
Make a steak well done in 9 with the other:
- salad
```

在 import 语句中，星号的作用是将指定模块中的所有函数都导入当前程序中。采用没有模块名作前缀的方法可以调用模块中的所有函数。当编写大型程序时，最好不要采用这种导入方式，如果模块中的函数名称和项目程序中的对象名称相同，那么将会导致代码混乱或程序出错等诸多问题。

5.3.3 指定别名

1. 指定函数别名

如果导入的函数名称可能与程序中现有的名称冲突，或名称太长，那么可以用 as 语句在导入时给函数指定别名。给 make_steak 函数指定别名为 ms 的操作如代码 5-31 所示。

代码 5-31　指定函数别名

```
>>> from steak import make_steak as ms
```

```
>>> ms(9, 'salad')
Make a steak well done in 9 with the other:
- salad
```

在代码 5-31 中，import 语句将 make_steak 函数重命名为 ms；每当需要调用 make_steak 函数时，都可以将 make_steak 简写为 ms，这样可以避免与程序中名称相同的函数产生混淆。

2. 指定模块别名

在 Python 中，不仅可以给函数指定别名，还可以给模块指定别名。通过给模块指定简短的别名（如为 steak 模块指定别名 S），能够轻松地调用模块中的函数，相比类似 steak.make_steak 的调用方式更为简洁，如代码 5-32 所示。

代码 5-32　指定模块别名

```
>>> import steak as S
>>> S.make_steak(9, 'salad')
Make a steak well done in 9 with the other:
- salad
```

在代码 5-32 中，import 语句给模块 steak 指定了别名 S，但该模块中的所有函数名称都没变。当要调用 make_steak 函数时，代码编写为 S.make_steak，而不是 steak.make_steak。为模块指定别名不仅能使代码变得简洁，而且可以使开发人员不需要关注与描述模块名。

关于 Python 中模块的导入方法，最佳的是只导入所需使用的函数，或导入整个模块，并用前缀的方式表示函数。这样能让代码更清晰，更容易阅读和理解。

5.3.4　任务实现

根据任务分析，本任务的具体实现过程可以参考以下操作。

（1）将前文任务 5.1 中的方差计算函数封装并命名为 var.py。

（2）导入封装好的函数模块。

（3）导入模块中的特定函数 var.var。

（4）给函数指定别名 fangcha。

（5）给函数模块指定别名 V。

（6）导入模块中的所有函数。

参考代码如任务实现 5-3 所示。

5.3　存储并导入
函数模块

任务实现 5-3

```
import var  # 导入封装好的函数模块 var
var1 = var.var(1, 3, 5, 7, 9, 11, 13)
print(var1)


from var import var  # 导入模块中的特定函数 var.var
var2 = var(5, 6, 7, 8, 9)
```

```
print(var2)

from var import var as fangcha   # 给函数指定别名 fangcha
var3 = fangcha(1, 2, 3, 4, 5, 6)
print(var3)

import var as V   # 给函数模块指定别名 V
var4 = V.var(8, 9, 10, 11)
print(var4)

from var import *   # 导入模块中的所有函数
```

小结

本章介绍了 Python 中函数的定义方法，函数主要由关键字 def 声明，其后紧跟函数名和参数；介绍了函数的参数设置、返回（return）函数、函数的局部变量和全局变量；此外，还介绍了使用 lambda 函数创建匿名函数的方法、函数模块的封装和导入。

实训

实训 1　构建求指定区间内奇偶数的函数

1. 训练要点

（1）掌握自定义函数的定义方法。
（2）掌握 if-else 语句的使用方法。

2. 需求说明

奇数是指不能被 2 整除的整数，偶数是指能被 2 整除的整数。在队列训练中，教官让一排同学报数，报偶数的同学为一排，报奇数的同学为另一排，从而排列成两排。创建判断奇偶数函数 odd_or_even，用于判断自定义队列区间[num_a，num_b]中出现的奇偶数。

3. 实训思路及步骤

（1）创建函数 odd_or_even，输入参数 num_a、num_b。
（2）利用 for 循环获取区间内的每一个元素。
（3）利用 if-else 语句判断指定区间[num_a，num_b]内的奇偶数，若为奇数，则返回 odd_1，若为偶数，则返回 even_1，输出和返回格式均为"'奇数: [odd_1]', '偶数: [even_1]'"。
（4）调用函数 odd_or_even，传入指定参数 2、100，输出结果。

实训 2　构建计算用餐总价格的函数

1．训练要点

（1）掌握自定义函数的定义方法。

（2）掌握构建自定义函数格式的方法。

（3）掌握 sum 函数的使用方法。

2．需求说明

某麻辣烫餐馆举办开业活动，荤素菜价格相同，且价格是以斤为单位计算的。收银员为计算餐馆一天的销售额，创建了计算销售额的函数 day_income。

3．实训思路及步骤

（1）创建函数 day_income，输入参数为菜的单价 unit_price 和不定参数客人的点菜质量列表 table_count。

（2）利用 sum 函数计算今日所卖的荤素菜总质量。

（3）计算当日销售额（菜的质量×菜的单价）。

（4）调用函数 day_income，指定当日点菜质量列表为[12,9,7,10,7,6,11,9,8,11]，菜的单价为 10，输出当日销售额。

课后习题

1．选择题

（1）下列关于函数的描述错误的是（　　　）。

  A．函数可以没有返回值　　　　　　B．函数的数据都是隐式传递的

  C．函数不能操作类内部的数据　　　　D．函数和对象无关

（2）在 Python 中调用函数时，根据函数定义的参数位置来传递的参数是（　　　）。

  A．位置参数　　　　B．关键字参数　　　　C．默认参数　　　　D．可变参数

（3）在 Python 中使用（　　　）定义任意数量的可变位置参数。

  A．*args　　　　B．**kwargs　　　　C．args　　　　D．kwargs

（4）下列关于可变参数的描述正确的是（　　　）。

  A．可变参数只能定义 1 个参数

  B．可变参数放在所有参数的最前面

  C．可变参数包括位置参数和关键字参数

  D．可变参数不能接受没有传入参数

（5）运行'list(map(lambda x : x * 2, [1,2,3,4]))'后，输出的正确结果是（　　　）。

  A．[1,4,9,16]　　　　B．1,4,9,16　　　　C．[2,4,6,8]　　　　D．以上都不正确

（6）下列关于 lambda 函数的描述正确的是（　　　）。

  A．lambda 函数可定义多行函数　　　　B．lambda 函数可以有多个返回值

C. lambda 函数不能含有命令　　　　D. lambda 函数只能有一个参数列表

（7）下列关于全局变量和局部变量描述正确的是（　　　）。

A. 在函数体外定义的变量为局部变量

B. 在函数体内定义的变量为全局变量

C. 全局变量可以在函数体内被调用

D. 局部变量可以在函数体外被调用

（8）下列导入方式中已为函数或模块指定别名的是（　　　）。

A. import numpy　　　　　　　　B. from numpy import *

C. from numpy import matrix and array　D. import numpy as np

2. 操作题

（1）将 lambda 函数与 map 函数联合，计算列表[1,2,3,4,5,6,7,8,9]各元素的平方，输出的形式为列表。其中 lambda 函数负责对输入元素进行求平方操作，map 函数则负责将列表中每个元素都应用于 lambda，从而实现对每个元素进行平方，最后输出结果。

（2）经常会有需要用户输入整数的计算要求，但用户未必一定输入整数。为了提高用户体验，编写 getInput()函数处理这种情况。若用户输入整数，则直接输出整数并退出；若用户输入的不是整数，则要求用户重新输入，直至用户输入整数为止。

第 **6** 章 面向对象编程

本书前面几章介绍了 Python 中数据类型、数据结构、控制语句和函数的使用，如果需要使用 Python 进行更深层次的开发，仅靠这些是不够的，还需要用到类和对象。Python 不只是解释性语言，也是一门面向对象的编程语言，因此自定义对象是 Python 的核心之一。本章将先介绍面向对象编程，再逐步讲解类和对象的定义、属性和方法。类使得程序设计更加抽象，通过类的继承和常用方法，可以让程序语言更接近人类的语言。

学习目标

（1）了解面向对象编程的发展、实例和优点。

（2）了解使用面向对象编程的情形。

（3）掌握类的定义、使用和专有方法。

（4）掌握 self 参数的使用方法。

（5）掌握对象的创建（实例化）、删除方法。

（6）掌握对象的属性、方法引用和私有化方法。

（7）掌握迭代器和生成器的使用方法。

（8）掌握类的继承机制和重写、封装、多态等特性。

06　面向对象编程

思维导图

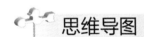

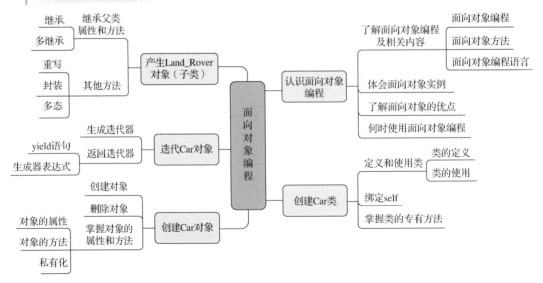

任务 6.1　认识面向对象编程

任务描述

理解面向对象编程有助于读者理解类的意义，培养解决问题的逻辑思维。目前的面向对象编程增强了结构化，融合了数据和动作，使得数据层和逻辑层可以被简单抽象地描述。本任务将介绍面向对象的发展和面向对象编程能成为软件编写方法之一的原因。

任务分析

（1）了解面向对象的发展历程。
（2）熟悉面向对象中实例的分析思路。
（3）熟悉面向对象编程的优点。
（4）掌握何时使用面向对象编程。

6.1.1　了解面向对象编程及相关内容

1. 面向对象编程

面向对象编程（Object Oriented Programming，OOP）即面向对象程序设计。类和对象是 OOP 中的两个关键内容。在面向对象编程中，以类来构造现实世界中的事物情景，再基于类创建对象来帮助用户进一步认识、理解、刻画。根据类创建的对象都会自动带有类的属性和特点，还可以按照实际需要赋予每个对象特有的属性，这个过程称为类的实例化。

抽象的直接表现形式通常为类。从面向对象设计（Object Oriented Design，OOD）的角度去看，如果类是从现实对象抽象而来的，那么抽象类就是基于类抽象而来的。从实现角度来看，抽象类与普通类的不同之处在于：抽象类中只能有抽象方法（没有实现功能），此类不能被实例化，只能被继承，且子类必须实现抽象方法。

2. 面向对象方法

面向对象方法（Object Oriented Method，OOM），是在软件开发过程中以"对象"为中心，用面向对象的思想来指导开发活动的系统方法。正如研究面向对象方法的专家和学者所说，面向对象方法同 20 世纪 70 年代的结构化方法一样，对计算机技术应用产生了巨大的影响，面向对象方法一直在强烈地影响和促进一系列高技术的发展和多学科的融合。

面向对象方法起源于面向对象的编程语言。20 世纪 50 年代后期，当编写大型程序时，常会出现因为在程序中不同位置出现相同变量名而发生冲突的问题。对于这个问题，算法语言（Algorithmic Language，ALGOL）的设计者在 ALGOL60 中用"Begin…End"作为标志，形成局部变量，避免它们与程序中其他同名变量相冲突。这是在编程语言中首次进行封装的尝试，后来此结构被广泛用于高级语言（如 Pascal、Ada、C 语言）之中。

1986 年，首届"面向对象编程、系统、语言和应用（OOPSLA'86）"国际会议在美国举行，使面向对象的概念受到世人瞩目，其后每年一届，这标志着面向对象方法的研究已普及全世界。面向对象方法已被广泛应用于程序设计语言、数据库、设计方法学、人机接口、操作系统、分布式系统、人工智能、实时系统、计算机体系结构，以及并发工程、综合集成工程等众多领域，而且都得到了很大的发展。

3. 面向对象编程语言

20 世纪 60 年代中后期，奥利-约翰·达尔（Ole-Johan Dahl）和克里斯汀·尼加德（Kristen Nygaard）在 ALGOL 的基础上研制出了 Simula 语言，提出了对象的概念，并使用了类，也支持类继承，面向对象程序设计的雏形得以形成。20 世纪 70 年代，经典的 Smalltalk 语言诞生，它以 Simula 的类为核心概念，以 Lisp 语言为主要内容。Smalltalk 语言不断改进，引入了对象、对象类、方法、实例等概念和术语，采用动态联编和单继承机制，以至于现在都将这一语言视为面向对象的基础。

正是通过 Smalltalk 不断的改进与推广应用，人们才发现面向对象方法具有模块化、信息封装与隐蔽、抽象性、继承性、多态性等独特之处，为研制大型软件，提高软件可靠性、可重用性、可扩充性和可维护性提供了有效的手段和途径。例如，分解和模块化可以给不同组件设定不同的功能，将一个问题分解成多个小的、独立的、互相作用的组件，来处理复杂、大型的软件。

从 20 世纪 80 年代起，面向对象程序设计成了一种主导思想，但一直没有专门面向对象程序设计的语言。人们将以前提出的有关信息封装与隐蔽、抽象数据类型等概念和 BASIC、Ada、Smalltalk、Modula-2 等语言进行了糅合，却常常出现兼容性和维护性问题。后因客观需求的推动，进行了大量理论研究和实践探索，不同类型的面向对象语言（如 Eiffel、C++、Java、Object-Pascal 等）得以产生和发展，逐步解决了兼容性和维护性等问题。

在过去几十年中，Java 发展成为被广泛应用的语言，除与 C 语言的语法近似外，它还有面向对象编程的强大一面，即 Java 的可移植性。在近几年的计算机语言发展中，一些既支持面向过程程序设计（该怎么做）又支持面向对象程序设计（对象该怎么做）的语言开始流行，如 Python、Ruby 等。

6.1.2 体会面向对象实例

在面向对象出现以前，结构化程序设计是程序设计的主流。结构化程序设计又称为面向过程的程序设计。面向过程是分析解决问题所需要的步骤，然后用函数一步步实现这些步骤，使用这些函数的时候一个个依次调用即可。而面向对象是将构成问题的事物分解成各个对象，建立对象不是为了完成一个步骤，而是为了描述某个事物在解决问题过程中的行为。

例如五子棋，面向过程的设计思路是分析解决问题的步骤，将每个步骤分别用函数来实现，从而使问题得到解决，如图 6-1 所示。而面向对象的设计则基于另一种思路来解决问题，将五子棋分为 3 类对象：一是黑白双方，双方的行为是一模一样的；二是棋盘系统，负责绘制画面；三是规则系统，负责判断诸如犯规、输赢等。第 1 类对象负责接收用户输入的信息，并告知第 2 类对象棋子布局的变化，棋盘对象接收到棋子的输入后就要负责在画面上显示出棋子布局的变化，同时利用第 3 类对象来对棋局进行判定。

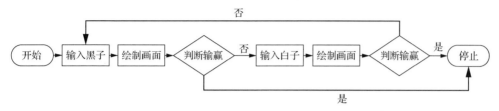

图 6-1　面向过程分析解决问题的步骤

面向对象是以功能来划分问题的，而不是循环步骤。同样是绘制棋局，在面向过程的设计中，需要多个步骤执行该任务，但这样很可能会导致不同步骤绘制棋局的程序不同，因此程序设计人员会根据实际情况对绘制棋局的程序进行简化。而在面向对象的设计中，绘图只可能在棋盘对象中出现，由此可以保证绘制棋局的统一。

6.1.3　了解面向对象的优点

在面向过程的程序设计中，问题被看作一系列需要完成的任务，解决问题的焦点集中于函数。其中，函数是面向过程的，即它关注的是如何根据规定的条件完成指定的任务。在多函数程序中，许多重要的数据被放置在全局数据区中，此时，数据可以被所有函数访问，但每个函数都只具有自己的局部数据。这样的程序结构很容易造成全局数据在无意中被其他函数改动，从而无法保证程序的准确性。

弥补面向过程程序设计中的一些缺点是面向对象程序设计的出发点之一。对象是程序的基本元素，它将数据和操作紧密地联系在一起，并保护数据不会被外界函数意外地改变。因此面向对象有以下 3 个优点。

（1）基于数据抽象的概念，面向对象可以在保持外部接口不变的情况下对内部进行修改，从而减少甚至避免对外界的干扰。

（2）面向对象通过继承可以大幅减少冗余代码，并可以方便地拓展现有代码，提高编码效率，也降低了出错概率及软件维护难度。

（3）结合面向对象分析、面向对象设计，面向对象允许将问题中的对象直接映射到程序中，减少了在软件开发过程中中间环节的转换过程。

6.1.4　何时使用面向对象编程

面向对象的程序与人类对事物的抽象理解密切相关。例如，虽然不知道《精灵宝可梦》这款游戏（又名《口袋妖怪》）的具体代码，但是可以确定的是，它的程序是根据面向对象的思路编写的。游戏中的每种精灵被看作一个类，具体的某只精灵就是其中某个类的一个实例对象，所以每种精灵的程序具有一定的独立性。程序人员可以同时编写多只精灵的程序，且它们之间不会相互影响。在编写精灵的程序中面向过程不适用的原因是，如果程序员要开发新的精灵，那么必须对之前的程序做大规模的修改，以使程序的各个函数能够正常工作，由于之前的函数没有新精灵的数据，因此工作量会大很多。现在的大型程序和软件开发都是基于面向对象编程的，最重要的原因还是面向对象具有良好的抽象性。但对于小型程序和算法来说，面向对象的程序一般会比面向过程的程序慢，所以编写程序需要掌握面向对象和面向过程两种思想，发挥每种思想的长处。

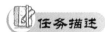

任务 6.2　创建 Car 类

任务描述

创建一个 Car 类，为其赋予车轮数（4）、颜色（red）的属性，并定义函数来输出"汽车有 4 个车轮，颜色是红色。"和"车行驶在学习的大道上。"，再调用类的方法（函数）。

任务分析

通过以下步骤可完成上述任务。

（1）创建 Car 类，添加车轮数和颜色两个属性。

（2）定义第 1 个函数，并增加参数 name，输出"name 有 4 个车轮，颜色是红色。"。

（3）定义第 2 个函数，输出"车行驶在学习的大道上。"。

（4）调用 Car 类，赋值给新变量。

（5）用新变量调用定义好的两个函数。

6.2.1　定义和使用类

1. 类的定义

在面向对象的程序设计中，类是创建对象的基础，描述了所创建对象共有的属性和方法。类同时也有接口和结构，接口可以通过方法与类或对象进行交互操作，而结构表现出一个对象中有什么样的属性，这些都为面向对象编程的 3 个最重要的特性（封装性、继承性、多态性）提供了实现手段。

类的定义和函数的定义相似，只是用 class 关键字替代了 def 关键字，同样，在执行 class 的整段代码后定义的类才会生效。进入类定义部分后，会创建出一个新的局部作用域，在后面定义的类中，数据属性和函数方法都是属于局部作用域的局部变量。

2. 类的使用

定义类的格式如下。

```
class 类名:
    属性列表
    方法列表
```

当使用 class 关键字创建类时，只要将所需的属性列表和方法列表列出即可，如代码 6-1 所示。

代码 6-1　创建类

```
>>> class Cat:
...     '''一次模拟猫咪的简单尝试'''
```

```
...     # 属性
...     name = 'tesila'
...     age = 3
...     # 方法
...     def sleep(self):
...         '''模拟猫咪被命令睡觉'''
...         print('%d 岁的%s 正在沙发上睡懒觉。' % (self.age, self.name))
...     def eat(self, food):
...         '''模拟猫咪被命令吃东西'''
...         self.food = food
...         print('%d 岁的%s 在吃%s' % (self.age, self.name, self.food))
```

代码 6-1 创建的类很简单，尽管只有一些简单的方法，但是需要注意的地方比较多。根据约定，在 Python 中，首字母大写的名称指的是类名，如 Cat；如果名称是两个单词，那么两个单词的首字母都要大写，如 class HotDog，这种两个单词的名称命名被形象地称为"驼峰式命名"。函数和方法的命名没有本质上的区别，只是每个人的习惯不同而已，函数名称一般用小写字母且用下画线连接，如"new_car"。

类的函数和方法都有一个 self 参数，并默认其为第 1 个参数，这也是在编程过程中需要注意的。

6.2.2　绑定 self

Python 的类的方法和普通的函数有一个很明显的区别，就是类的方法必须有个额外的参数（self），并且在调用这个方法的时候不必为这个参数赋值。Python 类的方法的特别参数指代的是对象本身，而按照 Python 惯例，用 self 来表示。

对代码 6-1 创建的类稍加修改，查看效果，如代码 6-2 所示。

代码 6-2　self 参数

```
>>> class Cat:
...     def sleep(self):
...         print(self)
>>> new_cat = Cat()
>>> print(new_cat.sleep())
<__main__.Cat object at 0x00000000098656D8>
```

self 代表当前对象的地址，能避免非限定调用时找不到访问对象或变量。当调用 sleep 等函数时，会自动将该对象的地址作为第 1 个参数传入；如果不传入地址，那么程序将不知道该访问哪个对象。

self 这个名称也不是必需的，在 Python 中，self 不是关键字，可以将其定义成 a、b 或其他名字。利用 my_address 代替 self，一样不会出现错误，如代码 6-3 所示。

Python 编程基础（第 2 版）（微课版）

代码 6-3   self 可以修改名称

```
>>> class Test:
...    def prt(my_address):
...        print(my_address)
...        print(my_address.__class__)
>>> t = Test()
>>> print(t.prt())
<__main__.Test object at 0x000000000980AF60>
<class '__main__.Test'>
```

简而言之，self 需要定义，但是当调用函数时，self 会自动传入；self 的名称并不是规定死的，但最好还是按照约定使用 self。self 总是指调用时的类的实例。

6.2.3   掌握类的专有方法

任何类都有类的专有方法，它们的特殊性从方法名就能看出来，通常是用双下画线"__"开头和结尾。

访问类或对象（实例）的属性和方法，要通过点号操作来实现，即 object.attribute，当然也可以实现对属性的修改和增加。查看类的属性及方法示例如代码 6-4 所示。

代码 6-4   查看类的属性及方法

```
>>> class Example:
...    pass
>>> example = Example()
>>> print(dir(example))
['__class__', '__delattr__', '__dict__', '__dir__', '__doc__', '__eq__',
'__format__', '__ge__', '__getattribute__', '__gt__', '__hash__', '__init__',
'__le__', '__lt__', '__module__', '__ne__', '__new__', '__reduce__',
'__reduce_ex__', '__repr__', '__setattr__', '__sizeof__', '__str__',
'__subclasshook__', '__weakref__']
```

由代码 6-4 的运行结果可知，使用 dir 函数可以查看类的属性和方法。由于在定义类时只使用了 pass 语句，所以列出的结果都是以双下画线"__"开头和结尾的。

类的常用专有方法如表 6-1 所示。

表 6-1   类的常用专有方法

类的专有方法	功　　能	类的专有方法	功　　能
__init__	构造方法，生成对象时被调用	__call__	函数调用
__del__	析构方法，释放对象时被使用	__add__	加运算

140

续表

类的专有方法	功　　能	类的专有方法	功　　能
__repr__	输出，转换	__sub__	减运算
__setitem__	按照索引赋值	__mul__	乘运算
__getitem__	按照索引获取值	__div__	除运算
__len__	获得长度	__mod__	求余运算
__cmp__	比较运算	__pow__	乘方运算

　　__getitem__ 和__setitem__像普通的方法 clear()、keys()和 values()一样，只是重定向到字典，返回字典的值，通常不用直接调用，而可以使用相应的语法让 Python 来调用__getitem__ 和__setitem__。

　　__repr__只有当调用 repr(instance)时才会被调用。repr 函数是一个内置函数，它用于返回对象的可打印形式字符串。

　　__cmp__在比较类实例中被调用，通常可以通过使用"=="比较任意两个 Python 对象，不只是类实例。

　　__len__在调用 len(instance)时被调用。len 是 Python 的内置函数，可以返回一个对象的长度。字符串对象返回的是字符个数；字典对象返回的是键值对的个数；列表或序列返回的是元素的个数。对于类和对象，定义__len__专有方法，可以自己定义长度的计算方式，然后调用 len(instance)，Python 则将调用定义的__len__专有方法。

　　__del__在调用 del instance[key]时被调用，它会从字典中删除单个元素。

　　__call__方法让一个类表现得像一个函数，可以直接调用一个类实例。

　　__setitem__方法可以让任何类像字典一样保存键值对。

　　__getitem__方法可以让任何类表现得像一个序列。

　　任何定义了__cmp__专有方法的类都可以用"=="进行比较。在类的应用中，最常见的是先将类实例化，再通过实例来执行类的专有方法。

6.2.4　任务实现

　　根据任务分析，本任务的具体实现过程可以参考以下操作。

　　（1）使用 class 关键字创建 Car 类并命名，添加车轮数和颜色两个属性。

　　（2）使用 def 关键字定义 getCarInfo 函数，增加参数 name，用 print 函数输出 "name 有 4 个车轮，颜色是红色。"。

　　（3）使用 def 关键字定义 run 函数，用 print 函数输出 "车行驶在学习的大道上。"。

　　（4）调用 Car 类，赋值给 new_car。

　　（5）用 new_car 调用 getCarInfo 函数和 run 函数。

　　参考代码如任务实现 6-1 所示。

6.2　创建 Car 类

任务实现 6-1

```
class Car:  # 创建类
    '''一次模拟汽车的简单尝试'''
    wheelNum = 4  # 增加属性
    color = 'red'
    def getCarInfo(self, name):  # 定义 getCarInfo 函数
        self.name = name
        print(self.name, '有%d个车轮，颜色是%s。' % (self.wheelNum, self.color))
    def run(self):  # 定义 run 函数
        print('车行驶在学习的大道上。')
```

```
new_car = Car()  # 调用 Car 类
print(new_car.getCarInfo('Land Rover'))  # 调用 getCarInfo 函数
print(new_car.run())  # 调用 run 函数
```

任务 6.3 创建 Car 对象

任务描述

根据 6.2 节介绍的方法创建 Car 类，首先用构造器构造初始化类的实例对象，给其赋予属性 newWheelNum 和 newColor，并定义函数，实现输出"车在跑，目标:夏威夷。"；然后创建具体对象，访问对象的属性和方法；最后用析构方法删除对象。

任务分析

通过以下步骤可完成上述任务。

（1）先创建 Car 类。

（2）将 Car 类实例化，添加 newWheelNum 和 newColor 两个属性。

（3）定义一个函数，输出"车在跑，目标:夏威夷。"。

（4）定义析构方法，输出"---析构方法被调用---"。

（5）调用 Car 类，创建对象实例。

（6）访问对象属性并调用函数。

（7）用析构方法删除所创建的实例对象，并查看对象是否被删除。

6.3.1 创建对象

__init__是类的专有方法，每当根据类创建新实例时，Python 都会自动运行__init__。这是一个初始化手段，Python 中的__init__方法用于初始化类的实例对象。__init__方法的作用在一定程度上与 C++的构造函数相似，但并不相同。使用 C++的构造函数，可创建一

个类的实例对象，而当 Python 执行__init__方法时，实例对象已被构造出来了。因为__init__方法会在对象构造出来后自动执行，所以可以用于初始化所需要的数据属性。创建对象示例如代码 6-5 所示。

代码 6-5　创建对象

```
>>> class Cat:
...     '''再次模拟猫咪的简单尝试'''
...     # 构造方法
...     def __init__(self, name, age):
...         # 属性
...         self.name = name
...         self.age = age
...     def sleep(self):
...         '''模拟猫咪被命令睡觉'''
...         print('%d岁的%s正在沙发上睡懒觉。' % (self.age, self.name))
...     def eat(self, food):
...         '''模拟猫咪被命令吃东西'''
...         self.food = food
...         print('%d岁的%s在吃%s' % (self.age, self.name, self.food))
>>> cat1 = Cat('Tom', 3)
```

代码 6-5 将属性 name 和 age 放入了__init__方法中并进行初始化，通过实参向 Cat 类传递名字和年龄。self 会自动传递，因此创建对象时只需给出后两个形参（name 和 age）的值即可。

6.3.2　删除对象

当创建对象时，默认调用构造方法。当删除对象时，同样也会默认调用一个方法，这个方法为析构方法。__del__也是类的专有方法，当使用 del 语句删除对象时，会调用__del__本身的析构函数。另外，当对象在某个作用域中调用完毕，跳出其作用域时，析构函数也会被调用一次，目的是释放内存空间。使用__del__方法删除对象的具体用法如代码 6-6 所示。

代码 6-6　使用__del__方法删除对象

```
>>> class Animal:
...     # 构造方法
...     def __init__(self):
...         print('---构造方法被调用---')
...     # 析构方法
...     def __del__(self):
```

```
...          print('---析构方法被调用---')
>>> cat = Animal()
---构造方法被调用---
>>> print(cat)
<__main__.Animal object at 0x0000000009851400>
>>>del cat
---析构方法被调用---
>>> print(cat)
NameError: name 'cat' is not defined
```

6.3.3 掌握对象的属性和方法

学习了类的定义过程和方法后，可以尝试建立具体的对象来进一步学习面向对象程序设计。以代码 6-5 构造的类为例，创建实例对象示例，如代码 6-7 所示。

代码 6-7　创建实例

```
>>> class Cat:
...     def __init__(self, name, age):
...         self.name = name
...         self.age = age
...     def sleep(self):
...         '''模拟猫咪被命令睡觉'''
...         print('%d 岁的%s 正在沙发上睡懒觉。' % (self.age, self.name))
...     def eat(self, food):
...         '''模拟猫咪被命令吃东西'''
...         self.food = food
...         print('%d 岁的%s 在吃%s。' % (self.age, self.name, self.food))
>>> # 创建对象
>>> cat1 = Cat('Tom', 3)
>>> cat2 = Cat('Jack', 4)
>>> # 访问对象的属性
>>> print('Cat1 的名字为:', cat1.name)
Cat1 的名字为: Tom
>>> print('Cat2 的名字为:', cat2.name)
Cat2 的名字为: Jack
>>> # 访问对象的方法
>>> print(cat1.sleep())
3 岁的 Tom 正在沙发上睡懒觉。
>>> print(cat2.eat('fish'))
4 岁的 Jack 在吃 fish。
```

创建对象和调用函数很相似，可以使用类名作为关键字去创建一个类的对象。但是创建实例对象需要提供参数，即 __init__ 方法的参数。__init__ 方法会自动将数据属性进行初始化，然后调用相关函数，返回需要的对象数据属性。

1．对象的属性

对象的属性由类的每个实例对象拥有。因此每个对象有自己对这个域的一份备份，即它们不是共享的。在同一个类的不同实例对象中，即使对象的属性有相同的名称，也互不相关。简而言之，不同的对象调用某一个属性，即使更改属性值，对象之间也互不影响。

对于类属性和对象属性，如果在类方法中引用某个属性，那么该属性必定是类属性。而如果在实例对象方法中引用某个属性（不进行更改），并且存在同名的类属性，那么此时，若实例对象有该名称的对象属性，则对象属性会屏蔽类属性，即引用的是对象属性；若实例对象没有该名称的对象属性，则引用的是类属性。如果在实例对象方法中更改某个属性，并且存在同名的类属性，那么此时，若实例对象有该名称的对象属性，则修改的是对象属性；若实例对象没有该名称的对象属性，则会创建一个同名称的对象属性。要修改类属性，如果在类外，那么可以通过类对象修改；如果在类里面，那么只能在类方法中进行修改。

2．对象的方法

对象的方法和类的方法是一样的。在定义类的方法时，程序没有为类的方法分配内存，而只有在创建具体实例对象时程序才会为对象的每个数据属性和方法分配内存。类的方法是由 def 定义的，具体定义格式与普通函数相似，只是类方法的第一个参数需要是 self 参数。用普通函数可以实现对对象方法的引用，如代码 6-8 所示。

代码 6-8　对对象方法的引用

```
>>> cat1 = Cat('Tom', 3)
>>> sleep = cat1.sleep
>>> print(sleep())
3 岁的 Tom 正在沙发上睡懒觉。
>>> cat2 = Cat('Jack', 4)
>>> eat = cat2.eat
>>> print(eat('fish'))
4 岁的 Jack 在吃 fish。
```

由代码 6-8 可知，虽然调用了一个普通函数，但是 sleep 函数和 eat 函数引用 cat1.sleep() 和 cat2.eat()，这意味着程序隐性地加入了 self 参数。

3．私有化

如果要获取代码 6-8 中对象的数据属性，那么并不需要通过 sleep、eat 等函数，直接在程序外部调用数据属性即可，示例如代码 6-9 所示。

代码 6-9　对象属性的私有化

```
>>> print(cat1.age)
3
>>> print(cat2.name)
Jack
```

虽然这种直接调用的方法很方便，但是却破坏了类的封装性，这是因为对象的状态对于类外部应该是不可访问的。当查看 Python 模块代码时会发现源码里面定义了很多类，在模块中的算法通过使用类来实现是很常见的，如果使用算法时能够随意访问对象中的数据属性，那么很可能会在不经意中修改算法中已经设置的参数，这是很麻烦的。一般封装好的类都会有足够的函数接口供程序开发人员使用，所以程序开发人员没有必要访问对象的具体数据属性。

为防止程序开发人员在无意中修改对象的状态，需要对类的数据属性和方法进行私有化。Python 不支持直接私有方式，但也可以达到私有化的目的。为了让方法的数据属性或方法变为私有，只需要在属性或方法的名字前面加上双下画线即可，修改前文创建的 Car 类代码示例如代码 6-10 所示。

代码 6-10　私有化属性

```
>>> class Cat:
...     def __init__(self, name, age):
...         self.__name = name
...         self.__age = age
...     def sleep(self):
...         print('%d 岁的%s 正在沙发上睡懒觉。' % (self.__age, self.__name))
...     def eat(self, food):
...         self.__food = food
...         print('%d 岁的%s 在吃%s。' % (self.__age, self.__name, self.__food))
...     def getAttribute(self):
...         return self.__name, self.__age
>>> # 创建对象
>>> cat1 = Cat('Tom', 3)
>>> cat2 = Cat('Jack', 4)
>>> print('Cat1 的名字为:', cat1.name)    # 从外部访问对象的属性，会发现访问不了
AttributeError: 'Cat' object has no attribute 'name'
>>> print('Cat2 的名字为:', cat2.name)
AttributeError: 'Cat' object has no attribute 'name'
>>>print(cat1.sleep())    # 只能通过设置好的接口函数来访问对象
3 岁的 Tom 正在沙发上睡懒觉。
```

```
>>> print(cat2.eat('fish'))
4 岁的 Jack 在吃 fish。
>>> print(cat1.getAttribute())
('Tom', 3)
```

在程序外部直接访问私有数据属性是不允许的，只能通过设定好的接口函数去调取对象的信息。不过，通过双下画线实现的私有化其实是"伪私有化"，实际上还是可以从外部访问这些私有数据属性，如代码 6-11 所示。

代码 6-11 访问私有化属性

```
>>> print(cat1._Cat__name)
Tom
>>> print(cat1._Cat__age)
3
```

Python 使用 name_mangling 技术将__membername 替换成_class_membername，当在外部使用原来的私有成员时，会提示无法找到，而执行_class_ membername 则可以访问。简而言之，想让其他人无法访问对象的方法和数据属性是不可能的，程序开发人员也不应该随意使用从外部访问私有成员的 name_mangling 技术。

6.3.4 任务实现

根据任务分析，本任务的具体实现过程可以参考以下操作。

（1）使用 class 关键字创建 Car 类。

（2）将 Car 类实例化，添加 newWheelNum 和 newColor 两个属性。

（3）使用 def 关键字定义 run 函数，用 print 函数输出"车在跑，目标:夏威夷。"。

（4）用 def__del__定义析构方法，用 print 函数输出"---析构方法被调用---"。

（5）调用 Car 类，创建对象并命名为 BMW。

（6）访问对象属性，调用 run 函数，并用 print 函数输出。

（7）用析构方法删除 BMW，并查看对象是否被成功删除。

参考代码如任务实现 6-2 所示。

6.3 创建 Car 对象

任务实现 6-2

```
class Car:
    # 构造方法
    def __init__(self, newWheelNum, newColor):
        self.wheelNum = newWheelNum
        self.color = newColor
    # 定义 run 函数
    def run(self):
        print('车在跑，目标:夏威夷。')
```

```
    # 定义析构方法
    def __del__(self):
        print('---析构方法被调用---')


# 创建对象
BMW = Car(4, 'green')
# 访问属性
print('车的颜色为:', BMW.color)
print('车轮的数量为:', BMW.wheelNum)
# 调用对象的 run()方法
BMW.run()
# 删除对象
del BMW
# 查看是否删除
print(BMW)
```

任务 6.4　迭代 Car 对象

任务描述

在流程控制语句中已经涉及过迭代方式，其中较为常见的是在面向对象过程中对象的迭代。本任务将对 Car 类进行迭代，增加品牌（brand）和废气涡轮增压（T）两个属性，并依次输出所有属性。

任务分析

通过以下步骤可完成上述任务。

（1）在原有 Car 类上增加品牌（brand）和废气涡轮增压（T）两个属性。

（2）创建列表[brand,WheelNum,color,T]并赋值给变量。

（3）为迭代设置初始变量。

（4）分别定义返回对应属性值的函数。

（5）定义迭代函数，输出“品牌 车轮数 颜色 废气涡轮增压”，返回对象位置。

（6）定义迭代器的基本方法，用 if 语句进行判断，返回对应位置的属性。

（7）调用 Car 类，创建对象并命名。

（8）访问对象属性，调用迭代函数，并输出结果。

6.4.1　生成迭代器

迭代是 Python 最强大的功能之一，是访问集合元素的一种方式。之前接触到的 Python

容器对象都可以用 for 循环进行遍历，如代码 6-12 所示。

代码 6-12　for 循环

```
>>> for element in [1, 2, 3]:
...     print(element)
1
2
3
>>> for element in (1, 2, 3):
...     print(element)
1
2
3
>>> for key in {'one': 1, 'two': 2}:
...     print(key)
one
two
>>>for char in '123':
...     print(char)
1
2
3
>>>for line in open('../data/myfile.txt'):
...     print(line)
1

2

3
```

由代码 6-12 可知，这种代码的编程风格十分简洁。迭代器有两个基本的函数：iter 函数和 next 函数。如果 for 语句在容器对象上调用 iter 函数，那么该函数会返回一个定义 next 函数的迭代对象，iter 函数会在容器中逐一访问元素。当容器遍历完毕，next 函数找不到后续元素时，将会引发一个 StopIteration 异常，终止 for 循环，如代码 6-13 所示。

代码 6-13　iter 函数与 next 函数

```
>>> L = [1, 2, 3]
>>> it = iter(L)
>>> print(it)
```

```
<list_iterator at 0xa9e0630>
>>> print(next(it))
1
>>> print(next(it))
2
>>> print(next(it))
3
>>> print(next(it))
StopIteration
```

迭代器（Iterator）是一个可以记住遍历位置的对象，从第 1 个元素被访问开始，直到所有元素被访问完结束。要注意的是，迭代器只能往前，不能退后。

要将迭代器加入类中，需要定义一个__iter__方法，它返回一个有 next 函数的对象。如果类定义了 next 函数，那么__iter__方法可以只返回 self。以代码 6-5 创建的 Cat 类为例，通过迭代器输出对象的全部信息，如代码 6-14 所示。

代码 6-14　迭代器的应用

```
>>> class Cat:
...     def __init__(self, name, age):
...         self.name = name
...         self.age = age
...         self.info = [self.name, self.age]
...         self.index = -1
...     def getName(self):
...         return self.name
...     def getAge(self):
...         return self.age
...     def __iter__(self):
...         print('名字 年龄')
...         return self
...     def next(self):
...         if self.index == len(self.info) - 1:
...             raise StopIteration
...         self.index += 1
...         return self.info[self.index]
>>> newcat = Cat('Coffe', 3)    # 创建对象
>>> print(newcat.getName())    # 访问对象的属性
Coffe
```

```
>>> iterator = iter(newcat.next, 1)    # 调用迭代函数来输出对象的属性
>>> for info in iterator:
...     print(info)
Coffe
3
```

6.4.2　返回迭代器

1．yield 语句

在 Python 中，使用生成器（Generator）可以很方便地支持迭代器协议。生成器是一个返回迭代器的函数，它可以通过常规的 def 关键字来定义，但是不用 return 语句返回，而是用 yield 语句一次返回一个结果。一般的函数在生成值后会退出，但生成器函数在生成值后会自动挂起，暂停执行状态并保存状态信息。当函数恢复时，这些状态信息将再度生效，通过在每个结果之间挂起和继续它们的状态自动实现迭代协议。

通过生成斐波那契数列来对比有 yield 语句和没有 yield 语句的情况，进一步了解生成器，如代码 6-15 和代码 6-16 所示。

代码 6-15　斐波那契数列——有 yield 语句

```
>>> def fibonacci(n, w=0):   # 生成器函数——斐波那契
...     a, b, counter = 0, 1, 0
...     while True:
...         if counter > n:
...             return
...         yield a
...         a, b = b, a + b
...         print('%d,%d' % (a, b))
...         counter += 1
>>> f = fibonacci(10, 0)   # f 是一个迭代器，由生成器返回生成
>>> while True:
...     try:
...         print(next(f), end=' ')
...     except:
...         break
0 1,1
1 1,2
1 2,3
2 3,5
3 5,8
```

```
5 8,13
8 13,21
13 21,34
21 34,55
34 55,89
55 89,144
```

代码 6-16　斐波那契数列——没有 yield 语句

```
>>> def fibonacci(n, w=0):
...    a, b, counter = 0, 1, 0
...    while True:
...        if (counter > n):
...            return
...        # yield a  # 不执行yield语句
...        a, b = b, a + b
...        print('%d,%d' % (a, b))
...        counter += 1
>>> f = fibonacci(10,0)  # f是一个迭代器，由生成器返回生成
>>> while True:
...    try:
...        print (next(f), end=' ')
...    except:
...        break
1,1
1,2
2,3
3,5
5,8
8,13
13,21
21,34
34,55
55,89
89,144
```

在调用生成器并运行的过程中，当每次遇到 yield 时，函数都会暂停并保存当前所有运行信息，返回 yield 的值，当下一次执行 next 函数时从当前位置继续运行。

简而言之，包含 yield 语句的函数会被特地编译成生成器，当函数被调用时，返回一个

生成器对象，这个对象支持迭代器接口。

2. 生成器表达式

列表解析的一般形式如下。

```
[expr for iter_var in iterable if cond_expr]
```

当迭代 iterable 里的所有内容时，每一次迭代后，先将 iterable 里面满足 cond_expr 条件的内容放到 iter_var 中，再在表达式 expr 中应用 iter_var 的内容，最后用表达式的计算值生成一个列表。

例如，生成一个 list 来保存 50 以内的所有奇数。

```
[i for i in range(50) if i%2]
```

当序列过长，而每次只需要获取一个元素时，应当考虑使用生成器表达式，而不是列表解析，因为生成器表达式不会将数据一次性读取，而列表解析是一次性读完所有的数据。除此之外，生成器表达式和列表解析还有以下不同之处：生成器表达式是被圆括号（()）括起来的，列表解析式是被方括号（[]）括起来的；生成器表达式返回的是一个生成器对象，而列表解析返回的是一个新列表。生成器表达式的一般形式如下。

```
(expr for iter_var in iterable if cond_expr)
```

使用生成器表达式求出 1~10 范围内 3 或 5 的倍数，如代码 6-17 所示。

代码 6-17　求 3 或 5 的倍数

```
>>> g = (i for i in range(1, 10) if i % 3 == 0 or i % 5 == 0)
>>> for i in g:
...     print(i)
3
5
6
9
```

6.4.3　任务实现

根据任务分析，本任务的具体实现过程可以参考以下操作。

（1）在原有 Car 类上增加品牌（brand）和废气涡轮增压（T）两个属性。

（2）使用方括号创建列表[brand,WheelNum,color,T]并赋值给变量（info）。

（3）为迭代设置初始变量（index）。

（4）使用 def 关键字分别定义 getBrand、getNewheelnum、getNewcolor、getT 函数，用 return 语句返回对应的属性值。

（5）使用 def 关键字定义__iter__方法，用 print 函数输出"品牌 车轮数 颜色 废气涡轮增压"，返回对象位置。

6.4　迭代 Car 对象

（6）使用 def 关键字定义 next 函数，用 if 语句进行判断，返回对应位置的属性。

（7）调用 Car 类，创建对象并命名为 newcar。

（8）访问对象属性，调用 iter 函数，并用 print 函数输出结果。

参考代码如任务实现 6-3 所示。

任务实现 6-3

```python
class Car:
    def __init__(self, brand, newWheelNum, newColor, T):
        self.brand = brand
        self.wheelNum = newWheelNum
        self.color = newColor
        self.T = T   # T 为废气涡轮增压
        self.info = [self.brand, self.wheelNum, self.color, self.T]
        self.index = -1
    def getBrand(self):
        return self.brand
    def getNewheelnum(self):
        return self.wheelNum
    def getNewcolor(self):
        return self.color
    def getT(self):
        return self.T
    def __iter__(self):
        print('品牌 车轮数 颜色 废气涡轮增压')
        return self
    def next(self):
        if self.index == 3:
            raise StopIteration
        self.index += 1
        return self.info[self.index]


# 创建对象
newcar = Car('BMW', 4, 'green', 2.4)
# 访问属性
print(newcar.getNewcolor())
# 迭代输出对象的属性
iterator = iter(newcar.next, 1)
for info in iterator:
    print(info)
```

任务6.5　产生 Land_Rover 对象（子类）

任务描述

本任务将在任务 6.4 创建的 Car 类上产生子类 Land_Rover，而且要使子类 Land_Rover 拥有两个父类属性（品牌、颜色）和两个自带属性（车轮数、废气涡轮增压），然后输出子类属性。

任务分析

通过以下步骤可完成上述任务。

（1）创建子类 Land_Rover。

（2）使用构造方法创建对象，设置品牌、颜色两个父类参数和两个自带参数。

（3）在子类中调用父类构造方法。

（4）调用子类，创建对象并命名。

（5）访问对象属性，调用迭代函数，并输出结果。

6.5.1　继承父类属性和方法

1. 继承

面向对象编程带来的好处之一是代码的重用，实现这种重用的方法之一是继承机制。继承（Inheritance）是两个类或多个类之间的父子关系，子类继承了父类的所有公有数据属性和方法，并且可以通过编写子类的代码扩充子类的功能。继承实现了数据属性和方法的重用，减少了代码的冗余。

在程序中，继承描述的是事物之间的所属关系。例如，猫和狗都属于动物，在程序中便可以描述为猫和狗继承自动物；同理，波斯猫和巴厘猫都继承自猫，而沙皮狗和斑点狗都继承自狗，如图 6-2 所示。

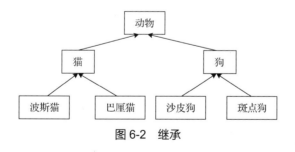

图 6-2　继承

特定狗种类继承狗类，狗类继承动物类，狗类编写了描述所有种类的狗共有的行为和方法，而特定狗种类则增加了狗类特有的行为。不过继承也有一定的弊端，例如，某种特定种类的狗不具有绝大部分种类狗的行为，当程序员没有厘清类间的关系时，可能会使得子类具有不该有的方法。另外，如果继承链太长，那么任何一点小的变化都可能会引起一连串变化。因此，使用继承要注意控制继承链的规模。

在 Python 中，继承有以下特点。

（1）在继承中，基类初始化方法__init__不会被自动调用。如果希望子类调用基类的__init__方法，那么需要在子类的__init__方法中显示调用基类。

（2）当调用基类的方法时，需要加上基类的类名前缀，且带上 self 参数变量。注意，在类中调用该类定义的方法是不需要 self 参数的。

（3）Python 总是先查找对应类的方法，如果在子类中没有对应的方法，那么 Python 才会在继承链的基类中按顺序查找。

（4）在 Python 继承中，子类不能访问基类的私有成员。

利用继承机制修改 Cat 类的代码，如代码 6-18 所示。

代码 6-18　添加继承方法

```
>>> class Cat:
...     def __init__(self):
...         self.name = '猫'
...         self.age = 4
...         self.info = [self.name, self.age]
...         self.index = -1
...     def run(self):
...         print( self.name, '--在跑')
...     def getName(self):
...         return self.name
...     def getAge(self):
...         return self.age
...     def __iter__(self):
...         print('名字 年龄')
...         return self
...     def next(self):
...         if self.index == len(self.info) - 1:
...             raise StopIteration
...         self.index += 1
...         return self.info[self.index]
>>> class Bosi(Cat):
...     def setName(self, newName):
...         self.name = newName
...     def eat(self):
...         print( self.name, '--在吃')
>>> bs = Bosi()  # 创建对象
```

```
>>> print('bs 的名字为:', bs.name)   # 继承父类的属性和方法
bs 的名字为: 猫
>>> print('bs 的年龄为:', bs.age)
bs 的年龄为: 4
>>> print(bs.run())
猫 --在跑
>>> bs.setName('波斯猫')   # 子类的属性和方法
>>> print(bs.eat())
波斯猫 --在吃
>>> iterator = iter(bs.next, 1)   # 迭代输出父类的属性
>>> for info in iterator:
...    print(info)
猫
4
```

由代码 6-18 可知，定义了 Bosi 类的父类 Cat，将猫共有的属性和方法都放到父类中，子类仅需要向父类传输数据属性。这样做可以很轻松地定义其他基于 Cat 类的子类。如果有数百只猫，那么使用继承的方法可以大大减少代码量，且当需要对全部猫做整体修改时，仅修改 Cat 类即可。在 Bosi 类的__init__方法中显示调用了 Cat 类的__init__方法，并向父类传输数据，这里注意需要加 self 参数。

因为在继承中子类不能继承父类的私有属性，所以不用担心父类和子类会出现因继承造成的重名情况。子类不能继承父类的私有属性的示例如代码 6-19 所示。

代码 6-19　子类不能继承父类的私有属性

```
>>> class animal:
...    def __init__(self, age):
...        self.__age = age
...    def print2(self):
...        print(self.__age)
>>> class dog(animal):
...    def __init__(self, age):
...        animal.__init__(self, age)
...    def print2(self):
...        print(self.__age)
>>> a_animal = animal(10)
>>> a_animal.print2()
10
>>> a_dog = dog(10)
```

```
>>> a_dog.print2()  # 程序报错
AttributeError: 'dog' object has no attribute '_dog__age'
```

2. 多继承

如果要继承多个父类，那么父类名需要全部写在括号里，这种情况称为多继承，格式为 class 子类名(父类名 1,父类名 2,…)，示例如代码 6-20 所示。

代码 6-20　多继承

```
>>> class A(object):  # 定义一个父类
...     def __init__(self):
...         print ('  ->Input A')
...         print ('  <-Output A')
>>> class B(A):  # 定义子类 B
...     def __init__(self):
...         print (' -->Input B')
...         A.__init__(self)
...         print ('  <--Output B')
>>> class C(A):  # 定义子类 C
...     def __init__(self):
...         print (' --->Input C')
...         A.__init__(self)
...         print (' <---Output C')
>>> class D(B, C):  # 定义子类 D
...     def __init__(self):
...         print ('---->Input D')
...         B.__init__(self)
...         C.__init__(self)
...         print ('<----Output D')
>>> d = D()  # 在 Python 中是可以多继承的，子类会继承父类中的方法、属性
---->Input D
 -->Input B
  ->Input A
  <-Output A
  <--Output B
 --->Input C
  ->Input A
  <-Output A
 <---Output C
```

```
<----Output D
>>> print(issubclass(C, B))  # 判断一个类是不是另一个类的子类
False
>>> print(issubclass(C, A))
True
```

实现继承之后，子类将继承父类的属性。也可以使用内建函数 issubclass 来判断一个类是不是另一个类的子类，前项参数为子类，后项参数为父类。

6.5.2　其他方法

面向对象的三大特性是指重写、封装和多态。

1. 重写

所谓重写，就是子类中有一个和父类名字相同的方法，子类中的方法会覆盖父类中同名的方法，示例如代码 6-21 所示。

代码 6-21　重写

```
>>> class Cat:
...     def sayHello(self):
...         print('喵-----1')
>>> class Bosi(Cat):
...     def sayHello(self):
...         print('喵喵----2')
>>> bosi = Bosi()
>>> print(bosi.sayHello())  # 子类中的方法会覆盖父类中同名的方法
喵喵----2
```

2. 封装

既然 Cat 实例本身就拥有相应的数据，那么要访问这些数据，就没有必要用外部函数去访问，可以直接在 Cat 类的内部定义访问数据的函数。这样，即可将数据"封装"起来。

封装（Encapsulation）就是将抽象得到的数据和行为（或功能）相结合，形成一个有机的整体（即类）。封装的目的是增强安全性和简化编程，使用者不必了解具体的实现细节，只需通过外部接口和特定的访问权限去使用类即可。简而言之，封装就是将内容存储到某个地方，需要时再去调用。

3. 多态

多态指面向对象程序执行时，相同的信息可能会发送给多个不同类别的对象，系统依据对象所属的类别，引发对应类别的方法而产生不同的行为。也就是说，相同的信息给予不同的对象会引发不同的动作。拥有多态特性的程序并不严格限制变量所引用的对象类型，对于未知的对象类型也能进行一样的操作。

Python 是动态语言，可以调用实例方法，不检查类型，只要方法存在、参数正确即可实现调用，这就是 Python 语言与静态语言（如 Java）最大的差别之一。

6.5.3　任务实现

6.5　产生 Land_Rover 对象（子类）

根据任务分析，本任务的具体实现过程可以参考以下操作。

（1）使用 class 语句创建子类 Land_Rover。

（2）使用构造方法创建对象，设置品牌、颜色两个父类参数和车轮数、废气涡轮增压两个自带参数。

（3）在子类中调用父类构造方法 Car.__init__。

（4）调用子类 Land_Rover，创建对象 Luxury_car。

（5）访问对象属性，调用 iter 函数，并用 print 函数输出结果。

参考代码如任务实现 6-4 所示。

任务实现 6-4

```python
class Car:
    def __init__(self, brand, newWheelNum, newColor, T):
        self.brand = brand
        self.wheelNum = newWheelNum
        self.color = newColor
        self.T = T  # T 为废气涡轮增压
        self.info = [self.brand, self.wheelNum, self.color, self.T]
        self.index = -1
    def getBrand(self):
        return self.brand
    def getNewheelnum(self):
        return self.wheelNum
    def getNewcolor(self):
        return self.color
    def getT(self):
        return self.T
    def __iter__(self):
        print('品牌 车轮数 颜色 废气涡轮增压')
        return self
    def next(self):
        if self.index == 3:
            raise StopIteration
        self.index += 1
        return self.info[self.index]
```

```
class Land_Rover(Car):
    def __init__(self, brand, newColor):
        self.brand = brand
        self.wheelNum = 4
        self.color = newColor
        self.T = 3
        Car.__init__(self, self.brand, self.wheelNum, self.color, self.T)

# 创建对象
Luxury_car = Land_Rover('Land_Rover', 'black')
# 访问属性
print(Luxury_car.getNewcolor())
# 迭代输出对象的属性
iterator = iter(Luxury_car.next, 1)
for info in iterator:
    print(info)
```

小结

本章介绍了 Python 面向对象编程的发展、实例、优点，并介绍了适用面向对象编程的情形；同时，还介绍了如何定义并使用类的方法和类的专有方法；实现了面向对象中对象的创建、删除和使用，并拓展了对象的属性、方法引用和私有化方法；最后介绍了迭代器和生成器，以及类的继承机制和重写、封装、多态等特性。

实训

实训 1　在游戏中创建角色的属性并对特定属性进行私有化

1. 训练要点

（1）掌握游戏角色数据属性的设置方法和相应类方法的创建。

（2）掌握类和对象的创建方法，以及对象属性的私有化方法。

2. 需求说明

《王者荣耀》是一款竞技类游戏，游戏中的英雄分为法师、坦克、刺客、辅助和射手 5 大类，每局游戏 5 类英雄均上场时游戏阵容才合理。假设现已有法师、射手和辅助 3 类英雄上场，为了阵容的合理化，现需建立坦克和刺客两个角色。坦克角色的数据属性：名字（name）、等级（level）、血量（HP）、攻击（rank）、防御（defend）和技能冷却（bubble）。

刺客角色的数据属性：名字（name）、等级（level）、血量（HP）、突进（angry）、攻击（rank）、防御（defend）和技能冷却（bubble）。其中，刺客的突进属性需设置为私有。

类方法有 get_name 函数（获取角色的名字，返回类型为字符串）、get_level 函数（获取角色的等级，返回类型为 int）、normal_kill 函数（返回一次攻击造成的伤害，返回类型为 int）、defend 函数（返回防御力度，返回类型为 int）、output_info 函数[返回角色的信息，如名字、等级、突进（刺客特有）、血量、攻击、防御]。

3. 实训思路及步骤

（1）创建 Tank 类，设置坦克角色的相应属性。

（2）创建 Assassin 类，设置刺客角色的相应属性，并将特定属性私有化。

（3）定义类的方法返回属性值。

（4）调用 Tank 类，创建对象并命名为 tank，访问对象属性，调用 get_level 函数，输出结果。

实训 2　在游戏中采用重写和继承机制创建法师角色属性

1. 训练要点

（1）掌握继承的使用方法。

（2）掌握继承方法和属性的特点。

（3）掌握重写的使用方法。

2. 需求说明

在《王者荣耀》游戏中，定义 Assassin 类的子类为法师（Master）。子类法师（Master）继承父类的攻击、防御和技能冷却属性，对名字、等级和血量属性进行重写。

3. 实训思路及步骤

（1）根据实训 1 中的需求说明，创建和刺客角色相同属性的父类 Assassin。

（2）创建子类 Master（法师）的角色，继承并重写父类的名字、等级和血量属性。

（3）调用子类 Master，创建对象并命名为 master，访问对象属性，调用 output_info 函数，输出结果。

课后习题

1. 选择题

（1）根据类创建的对象都会自动带有类的属性和特点，还可以按照实际需要赋予每个对象特有的属性，这个过程被称为类的（　　）。

    A. 私有化　　　　B. 实例化　　　　C. 封装　　　　　　D. 继承

（2）抽象类与普通类的不同之处在于（　　）。

    A. 抽象类不能被实例化，只能被继承

    B. 抽象类既能被实例化，又能被继承

    C.　抽象类能被实例化，不能被继承

    D.　抽象类不能被实例化，也不能被继承

（3）下列属于面向对象方法的特性之一的是（　　　）。

    A.　封装性　　　　　　B.　抽象性　　　　　C.　隐蔽性　　　　　　D.　模块化

（4）在 Python 的面向对象编程中，关于 self 的说法正确的有（　　　）。

    A.　self 是关键字

    B.　self 能避免非限定调用造成的局部变量

    C.　self 代表当前对象的地址

    D.　self 是不可修改的

（5）Python 中通过（　　　）实现访问类或者对象（实例）的属性和方法。

    A.　"，"　　　　　　　B.　"."　　　　　　　C.　"[]"　　　　　　　D.　"（）"

（6）在类方法中引用的属性为（　　　）。

    A.　类属性　　　　　　B.　对象属性　　　　C.　类属性和对象属性　D.　以上都不正确

（7）下列选项中属性私有化的是（　　　）。

    A.　self._name_　　　B.　self.name__　　　C.　self.__name__　　　D.　self.__name

（8）下列属于迭代器的基本方法的是（　　　）。

    A.　iter()　　　　　　B.　init()　　　　　　C.　del()　　　　　　D.　class()

（9）以下关于迭代器的说法不正确的是（　　　）。

    A.　迭代器只能往前不能后退

    B.　迭代器可以记住遍历的位置

    C.　通过迭代器能输出对象的全部信息

    D.　迭代器可以往前也可以后退

（10）（　　　）为类中删除属性的专有方法。

    A.　__init__　　　　　B.　__repr__　　　　C.　__del__　　　　　D.　__cmp__

2．操作题

（1）定义一个住房面积 HouseArea 类，类属性包括客厅面积（living_area）、厨房面积（kitchen_area）和卧室面积（bed_area）。在类方法中，使用 get_living_area 函数返回客厅面积，返回类型为 int。编写好类后使用语句 house=House(40,30,50)进行测试，并输出结果。

（2）定义一个学生 Student 类，类的属性有姓名（name）、年龄（age）、成绩（score，包括语文、数学、英语，且每科成绩的类型为整型）。类的方法包括使用 get_name 函数获取学生姓名，返回类型为字符串；使用 get_age 函数获取学生年龄，返回类型为 int；使用 get_course 函数获取 3 门科目中最高的分数，返回类型为 int。对完成的类进行测试并输出结果。

第 7 章 文件基础

随着人工智能、大数据、物联网等新一代信息技术的快速发展，各类结构化、半结构化、非结构化数据海量激增，在获取各类数据时，数据通常会以 CSV、TXT、XML 等格式进行储存，可以说"百花齐放、百家争鸣"。在使用 Python 对数据进行分析之前，通常需要先将文件中的数据读取到 Python 中或对文件进行处理，最后将分析结果保存到文件中，以便查看。本章将介绍如何处理文件和保存数据，以便用户更容易使用程序，使用户能够读取 TXT 或 CSV 格式的文件，输出格式为 TXT 或 CSV 的文件；此外，还将介绍如何用 Python 编程实现对计算机文件的读取、写入、修改等操作。

学习目标

（1）了解文件的概念与类型。
（2）掌握在 Python 中读取整个文件和逐行读取数据的方法。
（3）掌握工作路径的设置方法。
（4）掌握 Python 对 TXT、CSV 文件数据的读取、修改和写入方法。

07 文件基础

思维导图

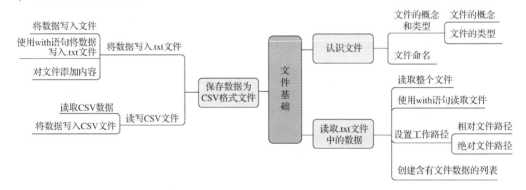

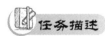 认识文件

任务描述

在用计算机工作或娱乐的过程中，会接触到各种格式的文件，其中常见的有文档.doc、

图片.jpg 和视频.mp4 等，除此之外，还会遇到一些特殊的文件类型，且不知道文件用什么软件打开。在使用 Python 进行文件管理之前，需要先了解 Python 操作的文件概念，掌握常见文件类型及其打开方式。

任务分析

（1）了解文件概念。
（2）了解常见文件类型。
（3）掌握常见文件类型的打开方式。

7.1.1 文件的概念和类型

1. 文件的概念

文件是指记录在存储介质上的一组相关信息的集合，存储介质可以是纸张、计算机磁盘、光盘或其他电子媒体，也可以是照片或标准样本，还可以是它们的组合。

在本章内容中，对于文件，若无特殊说明，则主要是指计算机文件，即以计算机磁盘为载体存储在计算机上的信息集合。

2. 文件的类型

在计算机中，文件包含文档文件、图片、程序、快捷方式、设备程序等。为区分不同文件和不同文件类型，需要给不同的文件指定不同的文件名称。在 Windows 系统下，文件名称由文件主名和扩展名组成，扩展名由小圆点和 1～4 个字符组成。

例如，当 Readme.txt 作为文件名时，Readme 是文件主名，.txt 为扩展名，表示这个文件是纯文本文件，所有文字处理软件或编辑器都可将其打开。

常见的文件扩展名和文件对应打开方式如表 7-1 所示。

表 7-1　常见的文件扩展名和文件对应打开方式

文件类型	扩 展 名	打开方式
文档文件	.txt	可用所有的文字处理软件或编辑器打开
	.csv	可用 Microsoft 和 WPS 等软件打开
	.doc	可用 Microsoft Word 和 WPS 等软件打开
	.hlp	可用 Adobe Acrobat Reader 打开
	.rtf	可用 Microsoft Word 和 WPS 等软件打开
	.html	可用浏览器、写字板打开，可查看其源代码
	.pdf	可用各种电子阅读软件打开
压缩文件	.rar	可用 WinRAR 打开
	.zip	可用 WinRAR 等软件打开
	.gz、.z	UNIX 的压缩文件，可用 WinRAR 等软件打开
图片文件	.bmp、.gif、.jpg、.pic、.png、.tif	可用常用图像处理软件打开

续表

文件类型	扩展名	打开方式
音频文件	.wav	可用媒体播放器打开
	.aif、.au	可用常用音频处理软件打开
	.mp3	可用 Winamp 打开
	.wma、.mmf、.amr、.aac、.flac	—
动画文件	.avi	可用常用动画处理软件打开
	.mov	可用 Active Movie 打开
	.swf	可用 Flash 自带的 Players 程序打开
系统文件	.int、.sys、.dll、.adt	—
可执行程序文件	.exe、.com	—
映像文件	.map	可用 OziExplorer 打开
备份文件	.bak、.old、.wbk、.xlk、.ckr_	—
临时文件	.tmp、.syd、._mp、.gid、.gts	—
模板文件	.dot	通过 Word 文档程序可打开
批处理文件	.bat	通过记事本可打开

7.1.2　文件命名

在 Windows 系统下，文件的命名规则如下。

（1）文件名最长可以使用 255 个字符。

（2）文件可以使用扩展名，扩展名用于表示文件类型。可以使用多间隔符的扩展名，其文件类型由最后一个扩展名决定，如 win.ini.txt 是一个合法的文件名。

（3）在文件名中允许使用空格，但不允许使用英文输入法状态下的"<"">""/""\""|"":"""""*""?"。

（4）文件名中的大小写字母在 Windows 系统下显示时会有所不同，但在使用的时候不做区分。

需要注意的是，文件扩展名可以人为设定，扩展名为.txt 的文件也有可能是一张图片；同样，扩展名为.mp3 的文件，也可能是一个视频。但是人为修改文件扩展名可能会导致文件损坏。

任务 7.2　读取.txt 文件中的数据

 任务描述

使用 Python 读取《瓦尔登湖》小说数据（Walden.txt 文件），然后用 Python 读取文件 Walden.txt 中的数据，并输出。

任务分析

通过以下步骤可以完成上述任务。

（1）使用 Python 打开文件。

（2）使用 with 语句读取文件。

（3）设置文件路径。

（4）将文件数据存储为列表。

7.2.1　读取整个文件

读写文件是最常用的输入/输出（Input/Output，I/O）操作，Python 内置了读写文件的函数，用法与 C 语言兼容。

在读写文件之前，必须说明的是，在磁盘上面读取文件的功能是由操作系统提供的，因为现在的操作系统不允许普通的操作程序直接操作磁盘，所以读写文件就是请求操作系统打开一个文件对象（通常称为文件描述符），然后通过操作系统提供的接口从这个文件对象中读取数据（读文件），或将数据写入打开的文件对象（写文件），具体流程如图 7-1 所示。

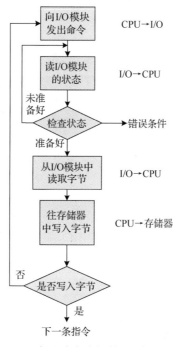

图 7-1　设备和内存之间的 I/O 控制

若需要读取文件，则需要先创建一个文件。下面创建一个包含自然常数 e（常数 e 精确到小数点后 30 位）的文件，且在小数点后的每 10 位处换行，如下所示。

```
2.7182818284
5904523536
0287471352
```

要以读文件的方式打开一个文件对象，可以使用 Python 的内置函数 open 传入文件名称与标识符。其中，标识符可指定文件打开模式为读取模式（r）、写入模式（w）、附加模式（a）或读取和写入文件模式（r+）。Python 默认以读取模式（r）打开文件，如代码 7-1 所示。

代码 7-1　打开文件

```
>>> f = open('../data/e_digits.txt', 'r')
```

如果读取的文件不存在，或在当前工作路径下找不到要读取的文件，那么 open 函数将会抛出一个 IOError 错误，并且给出错误码和详细的信息以说明文件不存在，如代码 7-2 所示。

代码 7-2　文件不存在

```
>>> f = open('not_exist.txt', 'r')
FileNotFoundError: [Errno 2] No such file or directory: 'not_exist.txt'
```

如果文件存在且程序可以正常打开文件，那么即可使用 read 函数一次性读取文件的全部内容，并将文件内容读入内存，然后使用 print 函数将读取的文件内容输出，如代码 7-3 所示。

代码 7-3　读取文件

```
>>> f = open('../data/e_point.txt', 'r')  # 打开 e_point.txt 文件并定义对象 f
>>> txt = f.read()  # 读取文件 e_point.txt 的内容并赋值给变量 txt
>>> print(txt)  # 输出文件 e_point.txt 的内容
2.7182818284
5904523536
0287471352
```

文件使用完毕后必须关闭文件，因为文件对象会占用操作系统的资源，且操作系统在同一时间中能打开的文件数量是有限的。调用 close 函数关闭文件，如代码 7-4 所示。

代码 7-4　关闭文件

```
>>> f.close()
```

7.2.2　使用 with 语句读取文件

在文件读取的过程中，一旦程序抛出 IOError 错误，后面的 close 函数将不会被调用。因此，在程序运行过程中，无论程序是否出错，都要确保程序能正常关闭文件，可以使用 try-finally 结构实现，如代码 7-5 所示。

代码 7-5　使用 try-finally 结构

```
>>> try:
...     f = open('../data/e_point.txt', 'r')
```

```
...    print(f.read())
>>> finally:
...    if f:
...        f.close()
2.7182818284
5904523536
0287471352
```

　　由代码 7-5 可知，虽然程序运行良好，但是在每次读取文件的时候，都需要编写 try-finally 结构，会显得代码冗余，为此 Python 提供了更加优雅简洁的语法——用 with 语句可以较好地处理上下文环境产生的异常，并自动调用 close 函数，如代码 7-6 所示。

代码 7-6　使用 with 语句

```
>>> with open('../data/e_point.txt', 'r') as f:
...    print(f.read())
2.7182818284
5904523536
0287471352
```

　　在代码 7-6 中，with 语句的使用效果与代码 7-5 中 try-finally 结构的使用效果一样，但使用 with 语句的代码更为简洁，且不必手动调用 close 函数。

7.2.3　设置工作路径

　　在日常工作中，有时需要打开不在程序文件所属目录下的文件，例如需要打开的文件 e_point.txt 储存在文件夹 text_file 中，而正在运行的 Python 程序储存在文件夹 code 中，那么在程序里就需要提供文件所在路径，使 Python 到系统特定位置查找并读取相应文件内容。

1．相对文件路径

　　如果文件夹 text_file 是文件夹 code 的子文件夹，即文件夹 text_file 在文件夹 code 中，那么需要提供相对文件路径让 Python 到指定位置查找文件，而该位置是相对于当前运行程序所在的目录而言的，即相对文件路径，如代码 7-7 所示。

代码 7-7　相对文件路径

```
>>> with open('text_file\e_point.txt', 'r') as f:
...    print(f.read())
2.7182818284
5904523536
0287471352
```

2. 绝对文件路径

如果文件夹 text_file 位于桌面，与文件夹 code 无关，那么要访问 e_point.txt 文件就需要提供完整的、准确的储存位置（即绝对文件路径）给程序，不需要考虑当前运行程序的储存位置，如代码 7-8 所示。

代码 7-8　绝对文件路径

```
>>> with open(r'C:\Users\Administrator\Desktop\text_file\e_point.txt',
...       'r') as f:
...     print(f.read())
2.7182818284
5904523536
0287471352
```

由代码 7-8 可知，在绝对路径前面需要添加字符 "r"，原因是在 Window 系统下，读取文件可以用反斜杠（\），但是在字符串中反斜杠会被当作转义字符来使用，使得文件路径可能会被转义。因此，需要在绝对文件路径前添加字符 "r"，声明字符串不用转义。

同时，路径也可以采用双反斜杠（\\）的方式表示，此时则不需要声明，如代码 7-9 所示。

代码 7-9　双反斜杠方式

```
>>> with open('C:\\Users\\Administrator\\Desktop\\text_file\\e_point.txt',
...       'r') as f:
...     print(f.read())
2.7182818284
5904523536
0287471352
```

在 Linux 中，路径表示方法是正斜杠（/），使用正斜杠也不需要声明字符串，在 Windows 系统下也可使用正斜杠，如代码 7-10 所示。

代码 7-10　正斜杠方式

```
>>> with open('C:/Users/Administrator/Desktop/text_file/e_point.txt',
...       'r') as f:
...     print(f.read())
2.7182818284
5904523536
0287471352
```

7.2.4　创建含有文件数据的列表

在读取文件时，通常需要检查文件中的每一行，可能需要在文件中查找特定的信息，或需要以某种方式修改文件中的文本，此时可以对文件对象使用 for 循环，如代码 7-11 所示。

代码 7-11 使用 for 循环进行文件内容的读取

```
>>> file_name = '../data/e_point.txt'
>>> with open(file_name, 'r') as f:
...     for line_t in f:
...         print(line_t)
2.7182818284

5904523536

0287471352
```

在代码 7-11 中，将需要读取的文件名称赋值给 file_name 变量是为了方便修改文件名称与路径，这是使用文件时常见的做法。

代码 7-11 的运行结果出现了很多空白行，空白行出现的原因是，在 e_point.txt 文档中每行末尾都有一个隐藏的换行符，print 函数也给输出的数据加上了一个换行符。

如果要消除换行符，那么可以使用 rstrip 函数删除 string 字符串末尾的指定字符（默认为空格），如代码 7-12 所示。与 rstrip 函数相关联的是 lstrip 函数（删除字符前面的指定字符）和 strip 函数（删除字符串首尾两端的指定字符）。

代码 7-12 消除换行符

```
>>> file_name = '../data/e_point.txt'
>>> with open(file_name, 'r') as f:
...     for line_t in f:
...         print(line_t.rstrip())
2.7182818284
5904523536
0287471352
```

虽然 read 函数可以读取整个文件的内容，但是读取的内容将被存储到数据类型是字符串的变量中，如代码 7-13 所示。

代码 7-13 read 函数

```
>>> with open('../data/e_point.txt') as f:
...     txts = f.read()
>>> print(type(txt))
<class 'str'>
>>> print(txt)
2.7182818284
5904523536
0287471352
```

如果需要将读取的文件存储到一个列表里面，那么可以使用 readlines 函数。该函数可以实现按行读取整个文件的内容，并将读取的内容存储到一个列表里，如代码 7-14 所示。

代码 7-14　readlines 函数

```
>>> with open('../data/e_point.txt') as f:
...    txts = f.readlines()
>>> print(type(txts))
<class 'list'>
>>> print(txts)
['2.7182818284\n', '5904523536\n', '0287471352\n']
```

为了使 readlines 函数存储的列表能够被正常输出，可以使用 for 循环，如代码 7-15 所示。

代码 7-15　输出 readlines 函数存储的数据

```
>>> with open('../data/e_point.txt') as f:
...    txts = f.readlines()
>>> for txt in txts:
...    print(txt.strip())
2.7182818284
5904523536
0287471352
```

此外，Python 还提供了 readline 函数，此函数可以对文件进行逐行读取并将读取到的一行内容存储到一个字符串变量中，返回字符串类型，如代码 7-16 所示。

代码 7-16　readline 函数

```
>>> with open('../data/e_point.txt') as f:
...    txt = f.readline()
>>> print(type(txt))
<class 'str'>
>>> print(txt)
2.7182818284
```

因为 readline 函数实现的是逐行读取，所以在读取整个文件时，速度会比 readlines 函数慢。当没有足够内存读取整个文件时才会使用 readline 函数。

7.2.5　任务实现

实现打开并读取 Walden.txt 文件并输出相关内容，代码如任务实现 7-1 所示。

7.2　读取.txt 文件中的数据

任务实现 7-1

```
with open('../data/Walden.txt') as file_object:
    contents = file_object.readlines()
    print(contents)
```

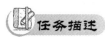 **任务7.3** 保存数据为 CSV 格式文件

任务描述

为了实现将数据写入文件，先使用 Python 创建一个包含 1～100 的平方的列表，如代码 7-17 所示；再将数据保存为 CSV 格式，并将文件命名为 squares.csv。

代码 7-17 创建列表数据

```
>>> squares = [value ** 2 for value in range(1, 101)]
>>> print(squares)
[1, 4, 9, 16, 25, 36, 49, 64, 81, 100, …]
>>> print(type(squares))
<class 'list'>
```

任务分析

（1）掌握将数据写入 CSV 文件的方法。
（2）掌握将数据写入 CSV 文件的格式设置方法。
（3）掌握读写 CSV 格式文件的方法。

7.3.1　将数据写入.txt 文件

1. 将数据写入文件

在 Python 的 open 函数中，标识符可指定文件打开模式，如果需要将数据写入文件，那么需要将标识符设置为写入模式（w）。

如果要写入的文件不存在，那么 open 函数将自动创建文件。需要注意的是，如果文件已经存在，那么当以写入模式写入文件时程序会先清空对应文件，如代码 7-18 所示。

代码 7-18 写入文件

```
>>> f = open('../tmp/words.txt', 'w')
>>> f.write('Hello, world!')
>>> f.close()
```

在代码 7-18 中，虽然没有终端输出，但是可以在工作路径下打开 words.txt 文档来查看写入文档的内容，如图 7-2 所示。

Hello, world!

图 7-2　words.txt

需要注意的是，标识符 w 和 wb 分别表示写入文本文件和写入二进制文件（在 r 后面添加 b 表示要读二进制数据）。如果需要将数值型数据写入文本文件，那么必须先用 str 函数将数值型数据转换为字符串格式，如代码 7-19 所示。

代码 7-19　将数值型数据写入文本

```
>>> f = open('../data/data.txt', 'w')
>>> data = list(range(1, 11))
>>> f.write(data)
TypeError: write() argument must be str, not list
>>> f.write(str(data))
>>> f.close()
```

写入内容后可查看写入的文档，效果如图 7-3 所示。

[1, 2, 3, 4, 5, 6, 7, 8, 9, 10]

图 7-3　data.txt

需要注意的是，在写入多行数据时，write 函数不会自动添加换行符号，此时会出现几行数据排在一行的情况，如代码 7-20 所示。

代码 7-20　write 函数

```
>>> f = open('../tmp/words.txt', 'w')
>>> f.write('Hello, world!')
>>> f.write('I love Python!')
>>> f.close()
```

写入效果如图 7-4 所示，两行数据处于同一行。

Hello, world! I love Python!

图 7-4　两行数据处于同一行

为了将行与行数据进行区分，需要在 write 语句内添加换行符号（\n），如代码 7-21 所示。

代码 7-21　添加换行符

```
>>> f = open('../tmp/words.txt', 'w')
>>> f.write('Hello, world!\n')
>>> f.write('I love Python!\n')
>>> f.close()
```

添加换行符号后的写入效果如图 7-5 所示。

Hello, world!

I love Python!

图 7-5　添加换行符号后的写入效果

2. 使用 with 语句将数据写入 .txt 文件

在反复调用 write 语句将数据写入文件之后，务必调用 close 函数来关闭文件。在将数据写入文件的过程中，操作系统往往不会立刻将数据写入磁盘，而是将数据放到内存中缓存起来，在空闲的时候再慢慢写入。只有调用 close 函数时，操作系统才会保证将没有写入的数据全部写入磁盘。忘记调用 close 函数可能会导致操作系统只写入一部分数据到磁盘，剩余数据丢失的情况。当使用 with 语句写入文件时，with 语句获取了应用上下文，并可以在结束时自动调用 close 函数来关闭文件，一定程度上避免了数据读写时造成的数据丢失。使用 with 语句将数据写入 .txt 文件，如代码 7-22 所示。

代码 7-22　使用 with 语句将数据写入文件

```
>>> with open('../tmp/words.txt', 'w') as f:
...     f.write('Hello, world!\n')
...     f.write('I love Python!\n')
```

要写入特定编码的文本文件，需要给 open 函数传入 encoding 参数，将字符串自动转换成指定编码。open 函数默认 encoding 参数为 UTF-8。要读取非 UTF-8 编码的文本文件，如读取 GBK 编码的文件，需要给 open 函数传入 encoding 参数，如代码 7-23 所示。

代码 7-23　加入编码方式

```
>>> f = open('../tmp/words.txt', 'w', encoding = 'gbk')
>>> print(f.write('Hello, world!'))
13
```

3. 对文件添加内容

当编写代码时，如果需要给文件添加内容，但不覆盖文件原内容，那么需要以附加模式（a）打开文件，此时写入的内容会附加到文件末尾，而不会覆盖原内容，如代码 7-24 所示。

代码 7-24　对文件添加内容

```
>>> with open('../tmp/words.txt', 'a') as f:
...     f.write("What's your favourite language?\n")
...     f.write('My favourite language is Python too.\n')
```

代码 7-24 可实现将两行字符串附加到文件末尾的效果，文件效果如图 7-6 所示。

Hello, world!

What's your favourite language?

My favourite language is Python too.

图 7-6　附加两行字符串到文件末尾的效果

7.3.2 读写 CSV 文件

逗号分隔值（Comma-Separated Values，CSV）也称字符分隔值，是一种通用的、相对简单的文件格式，常应用于程序之间表格数据的转移。

CSV 文件由任意数目的记录组成，记录间以某种换行符分隔；每条记录由字段组成，字段间的分隔符是其他字符或字符串，常见的分隔符是逗号或制表符。

编写程序时，可能需要将数据转移到 CSV 文件里面，此时可以考虑使用 Python 的内置模块——csv 模块。在程序中，用命令 import csv 导入 csv 包后可直接调用 csv 模块进行 CSV 文件的读写。

1. 读取 CSV 数据

在读取 CSV 数据之前，先选择一个用 CSV 文件格式储存的数据（如 iris 数据集）作为演示的例子。

iris 数据集即鸢尾花卉数据集，是常用的分类实验数据集。数据集包含 150 个样本，分为 3 类，分别为山鸢尾（Setosa）、杂色鸢尾（Versicolour）、弗吉尼亚鸢尾（Virginica），每类 50 个样本，每个数据包含 4 个属性——花萼长度、花萼宽度、花瓣长度、花瓣宽度，部分数据如表 7-2 所示。

表 7-2　iris 数据集部分数据展示

编　号	Sepal.Length	Sepal.Width	Petal.Length	Petal.Width	Species
1	5.1	3.5	1.4	0.2	setosa
2	4.9	3	1.4	0.2	setosa
3	4.7	3.2	1.3	0.2	setosa
4	4.6	3.1	1.5	0.2	setosa
5	5	3.6	1.4	0.2	setosa
6	5.4	3.9	1.7	0.4	setosa
7	4.6	3.4	1.4	0.3	setosa
8	5	3.4	1.5	0.2	setosa
9	4.4	2.9	1.4	0.2	setosa
10	4.9	3.1	1.5	0.1	setosa

读取 CSV 文件之前需要用 open 函数打开文件路径。

读取 CSV 文件的方法有两种。第一种是使用 csv.reader 函数，接收一个可迭代的对象（如.csv 文件），能返回一个生成器，从其中解析出 CSV 文件的内容。

以行为单位，利用 csv.reader 函数读取存储 iris 数据集的 iris.csv 文件的全部内容，并存储为列表，如代码 7-25 所示。

代码 7-25　利用 csv.reader 函数读取 iris.csv 文件

```
>>> import csv
>>> with open('../data/iris.csv', 'r') as f:
...     reader = csv.reader(f)
...     iris = [iris_item for iris_item in reader]
>>> print(iris)
[['',    'Sepal.Length',    'Sepal.Width',    'Petal.Length',    'Petal.Width',
'Species'],
['1', '5.1', '3.5', '1.4', '0.2', 'setosa'],
['2', '4.9', '3', '1.4', '0.2', 'setosa'],
['3', '4.7', '3.2', '1.3', '0.2', 'setosa'],
…]
```

读取 CSV 文件的第二种方法是使用 csv.DictReader 类，该函数与 csv.reader 函数类似，接收一个可迭代的对象，能返回一个生成器，但是返回的每一个单元格都放在一个字典的值内，而字典的键则是这个单元格的标题（即列头）。

利用 csv.DictReader 类读取 iris.csv 文件，如代码 7-26 所示。

代码 7-26　利用 csv.DictReader 类读取 iris.csv 文件

```
>>> with open('../data/iris.csv', 'r') as f:
...     reader = csv.DictReader(f)
...     iris1 = [iris_item for iris_item in reader]
>>> print(iris1)
[OrderedDict([('', '1'), ('Sepal.Length', '5.1'), ('Sepal.Width', '3.5'),
('Petal.Length', '1.4'), ('Petal.Width', '0.2'), ('Species', 'setosa')]),
OrderedDict([('', '2'),    ('Sepal.Length',    '4.9'),    ('Sepal.Width',    '3'),
('Petal.Length', '1.4'), ('Petal.Width', '0.2'), ('Species', 'setosa')]),
OrderedDict([('', '3'),    ('Sepal.Length',    '4.7'),    ('Sepal.Width',    '3.2'),
('Petal.Length', '1.3'), ('Petal.Width', '0.2'), ('Species', 'setosa')]),…]
```

如果利用 csv.DictReader 类读取 CSV 文件的某一列，那么可以用列的标题（如 Sepal.Length）查询，如代码 7-27 所示。

代码 7-27　利用 csv.DictReader 类读取 CSV 文件某一列的内容

```
>>> with open('../data/iris.csv', 'r') as f:
...     reader = csv.DictReader(f)
...     column = [iris_item['Sepal.Length'] for iris_item in reader]
>>> print(column)
['5.1', '4.9', '4.7', '4.6', '5', '5.4',…]
```

2. 将数据写入 CSV 文件

对于列表形式的数据，除了 writer 函数外，还需要用到 writerow 函数将数据逐行写入 CSV 文件。利用 writer 函数和 writerow 函数将数据写入 CSV 文件的示例如代码 7-28 所示。

代码 7-28　写入数据

```
>>> with open('../tmp/test.csv', 'w', newline = '') as f:
...     write_csv = csv.writer(f)
...     write_csv.writerow(iris)
```

对于字典形式的数据，csv 模块提供了 csv.DictWriter 类，除了提供 open 函数的参数外，还需要输入字典所有键的数据，然后通过 writeheader 函数在文件中添加标题，标题内容与键一致，最后使用 writerows 函数将字典内容写入文件，如代码 7-29 所示。

代码 7-29　写入字典内容

```
>>> my_key = []  # 键的集合
>>> for i in iris1[0].keys():
...     my_key.append(i)
>>> with open('../tmp/test.csv', 'w', newline = '') as f:
...     write_csv = csv.DictWriter(f, my_key)
...     write_csv.writeheader()  # 输入标题
...     write_csv.writerows(iris1)  # 输入数据
```

7.3.3　任务实现

要将 1～100 的平方数列表写入 squares.csv 文件中，需要先定义文件名称，并在写入的过程中用 for 循环逐行写入数据。需要注意的是，默认在 open(file_name,'w') 模式下写入的数据会有空行，在 open 函数后面添加参数 "newline=''" 即可删除空行，如任务实现 7-2 所示。

7.3　保存数据为
CSV 格式文件

任务实现 7-2

```
import csv
squares = [value ** 2 for value in range(1, 101)]
with open('../tmp/squares.csv', 'w', newline='') as f:
    write_csv = csv.writer(f)
    for square in squares:
        write_csv.writerow([str(square)])
```

小结

本章介绍了 Python 读写.txt 文件的方法，并介绍了如何使用内置 csv 模块进行 CSV 格式文件的读写；此外，还详细地介绍了 Python 读写.txt 文本文件、.csv 数据文件的相关函数及其使用方法。

实训

实训1 计算身高体重数据集的均值和方差

1. 训练要点

（1）掌握数据均值和方差的计算方法。

（2）掌握将数据存储为.csv 文件的操作方法。

2. 需求说明

为了更好地了解学生的身高体重情况，某学校随机抽取了 100 名学生，对他们的身高体重信息进行统计，并存为身高体重数据集（height_weight.csv 文件），数据集部分内容如表 7-3 所示。数据集中包含了 100 名学生的身高体重信息，共有 3 个字段，分别为"编号""身高（cm）"和"体重（kg）"。为了解这 100 名学生在身高、体重方面的情况，需要分别计算"身高（cm）"和"体重（kg）"两个字段数据的均值和方差，并将得出的均值和方差存储到 result_mean_var.csv 文件中。

表 7-3　身高体重数据集（部分）

编　　号	身高（cm）	体重（kg）	编　　号	身高（cm）	体重（kg）
1	167.09	56.5	6	174.49	61.65
2	181.65	68.24	7	177.3	70.75
3	176.27	76.51	8	177.84	68.23
4	173.27	71.17	9	172.47	56.19
5	172.18	72.15	10	169.63	60.33

3. 实训思路及步骤

（1）读取 height_weight.csv 文件，并将其存储为列表形式。

（2）计算"身高（cm）"和"体重（kg）"两个字段各自的均值和方差，结果保留两位小数，并分别赋值给变量 height_mean、height_var、weight_mean、weight_var。

（3）将处理后的数据写入新建文件 result_mean_var.csv，确保数据与属性保持一致。

实训2 实现文件的数据写入

1. 训练要点

掌握将数据写入文件的方法。

2. 需求说明

某小学在期中考试后，需要收集每个班级数学考试成绩排名前五的学生名字及其对应的成绩，要求通过 Python 程序，向 student_grade.csv 文件中写入表 7-4 所示的内容并保存。

表 7-4　学生成绩对应表

编　号	学　生	成　绩
1	张三	98
2	李四	93
3	王五	91
4	赵六	87
5	钱七	85

3. 实训思路及步骤

（1）将表 7-4 所示的内容写入列表变量。

（2）将列表变量写入 student_grade.csv 文件中。

课后习题

1. 选择题

（1）下列关于使用 open 函数读取文件的说法不正确的是（　　　）。

    A. 默认以读取模式打开文件

    B. 以"读取"模式打开文件时文件必须已存在

    C. 以"读取"模式打开文件时若文件不存在则创建对应文件

    D. 文件打开模式包括：读取（r）、写入（w）、附加（a），以及读取和写入（r+）

（2）下列关于绝对文件路径使用不正确的是（　　　）。

    A. r'C:\Users\45543\Desktop\text_file\e_point.txt'

    B. 'C:\\Users\\45543\\Desktop\\text_file\\e_point.txt'

    C. 'C:/Users/45543/Desktop/text_file/e_point.txt'

    D. 'C://Users//45543//Desktop//text_file//e_point.txt'

（3）若需要将读取的文件内容存储到一个列表中，可以选择（　　　）函数。

    A. read   B. readlines   C. readline   D. write

（4）下列关于将数据写入文件的说法不正确的是（　　　）。

    A. 在写入模式（w）下，当写入的文件不存在时，open 函数将自动创建文件

    B. 在写入模式（w）下，当写入的文件已存在时，open 函数会先清空文件

    C. 对文件写入多行数据时，write 函数会自动添加换行符号

    D. 将数值型数据写入文本文件时，必须先将数值型数据转化为字符串型数据

（5）删除字符串末尾指定字符的操作方法是（　　）。

    A. strip　　　　　　B. rstrip　　　　　C. lstrip　　　　　　D. estrip

（6）下列关于 Python 读取文件说法不正确的是（　　）。

    A. 读取 CSV 文件时会默认打开文件路径，不需要设置 open 函数

    B. 使用 csv.reader 函数读取 CSV 文件内容，并存为列表

    C. 使用 csv.DictReader 类读取 CSV 文件内容，并存为字典

    D. 使用 DictReader 类时，可以用列的标题查询读取 CSV 文件的某一列

（7）对于字典形式的数据，Python 将其写入 CSV 文件时需要用到的函数或类是（　　）。

    A. csv.write　　　B. csv.DictWrite　C. csv.DictWriter　　D. csv.dictwrite

（8）下列文件扩展名属于文档文件的是（　　）。

    A. .avi　　　　　　B. .exe　　　　　C. .tmp　　　　　　D. .html

（9）下列说法正确的是（　　）。

    A. 若读取文件不存在，open 函数会自动创建文件

    B. 当读取文件时，需要在相对路径前面加 r

    C. 通常使用 strip 函数删除字符串首尾两端的指定字符

    D. 写入多行数据时，write 函数会自动添加换行符号

（10）open 函数的默认 encoding 参数是（　　）。

    A. UTF-7　　　　　B. UTF-8　　　　C. url　　　　　　D. gbk

2. 操作题

网络上有很多《论语》的文本版本。这里给出了一个版本，文件名称为"论语-提取版.txt"，在其基础上，利用 Python 程序去掉每行文字中的所有括号及其内部数字，最后将文件保存为"论语-原文.txt"。

第 8 章 Python 常用的内置模块

Python 之所以简洁明了，最重要的原因之一便是它自身带有各种各样的内置模块可供开发人员直接使用。Python 中内置模块的功能极其丰富，可实现科学计算、文件处理和数值生成等功能。本章主要介绍 Python 常用的 6 种内置模块，包含文件基础操作的 os 与 shutil 模块、数学计算的 math 模块、随机数生成的 random 模块、时间处理的 datetime 模块和正则表达式匹配操作的 re 模块。

学习目标

（1）了解各常用内置模块的功能与操作。
（2）了解各内置模块下常用函数的作用。
（3）熟悉各常用函数的基本结构和语法。
（4）掌握各常用函数的使用方法。

08 Python 常用的
    内置模块

思维导图

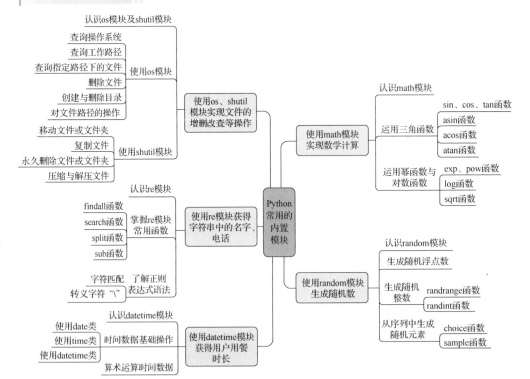

任务 8.1　使用 os、shutil 模块实现文件的增删改查等操作

任务描述

os 模块和 shutil 模块是常用的文件模块。本任务要求通过编写 Python 程序查询当前工作路径，将当前工作路径中 data 文件夹下的内容复制到 out_file 文件夹，并将 out_file 文件夹压缩成 zip 格式的压缩包。

任务分析

通过以下步骤完成上述任务。

（1）了解 os 模块和 shutil 模块。

（2）使用 getcwd 函数查询当前工作路径。

（3）使用 shutil 模块中的 copy 函数复制文件到指定文件夹中。

（4）使用 shutil 模块的 make_archive 函数压缩文件夹。

8.1.1　认识 os 模块及 shutil 模块

os 模块是 Python 中用于访问操作系统的模块，包含普遍的操作系统功能，如复制、创建、修改、删除文件及文件夹。os 模块提供了一个可移植的方法来使用操作系统的功能，使得程序能够跨平台使用，它允许一个程序在编写后不需要做任何改动，即可在 Linux 和 Windows 等系统下运行，便于编写跨平台的应用。

os 模块不仅提供了新建文件、删除文件、查看文件属性的操作功能，而且提供了对文件路径进行操作的功能。os 模块常用函数及作用说明如表 8-1 所示。

表 8-1　os 模块常用函数及作用说明

函数名称	函数作用
os.name	获取操作系统中相关模块的名称
os.chdir	改变当前工作路径到指定路径
os.sep	获取相应操作系统下文件路径的分隔符
os.linesep	获取当前系统使用的行分隔（或终止）符
os.getcwd	返回当前工作路径
os.getenv	返回当前环境变量
os.putenv	设置一个环境变量值
os.system	用于执行 Shell 命令
os.curdir	返回当前路径
os.listdir	返回指定路径中条目名称的列表，且该列表是任意顺序的

续表

函数名称	函数作用
os.remove	删除指定文件
os.mkdir	创建新目录
os.unlink	删除指定文件
os.rmdir	删除指定目录
os.path	提供各种通用的对文件路径的操作

对于移动、复制、压缩、解压文件及文件夹等操作，os 模块没有提供相关的函数，而 shutil 模块是对 os 模块中文件操作的补充，是 Python 自带的关于文件、文件夹、压缩文件的高层次操作工具。shutil 模块常用函数及作用说明如表 8-2 所示。

表 8-2　shutil 模块常用函数及作用说明

函数名称	函数作用
shutil.move	将指定文件或目录递归移动到目标路径下
shutil.copyfile	将某一文件的内容（无元数据）复制到另一文件中
shutil.copy	将某一文件复制到另一文件或目录中
shutil.copytree	将某一目录递归复制到另一目录中
shutil.copyfileobj	将一个文件的内容复制到另一个文件中
shutil.copymode	获取复制权限，前提是目标文件存在
shutil.disk_usage	查看磁盘使用信息，计算磁盘总存储、已用存储、剩余存储信息
shutil.get_archive_formats	获取支持的压缩文件格式。目前支持的格式有：tar、zip、gztar、bztar
shutil.rmtree	删除整个目录
shutil.make_archive	创建一个存档文件，如格式为 zip 的文件
shutil.unpack_archive	对压缩文件进行解压

8.1.2　使用 os 模块

os 模块提供了常见的文件基础操作接口函数，可实现增删改查等功能。而当 os 模块被导入之后，它便可根据不同的平台进行相应的操作。在 Python 中通常使用 os 模块进行以下常用操作。

1. 查询操作系统

在使用 os 模块时，如果需要查询当前操作系统，可以使用 name 函数获取操作系统的名称。若是 Windows 系统，则返回 nt；若是 Linux/UNIX 系统，则返回 posix。

使用 sep 函数可以查询相应操作系统下文件路径的分隔符。Windows 系统使用 "\\" 分隔路径，Linux 系统的路径分隔符是"/"，而 Mac OS 的路径分隔符是":"。

使用 linesep 函数可以查询当前系统使用的行终止符。Windows 系统的行终止符是\r\n，Linux 系统的行终止符是\n，而 Mac OS 的行终止符是\r。

Windows 系统下使用 os 模块查询操作系统的示例如代码 8-1 所示。

代码 8-1 查询操作系统

```
>>> import os
>>> print(os.name)  # 查询操作系统名称
nt
>>> print(os.sep)  # 查询文件路径的分隔符
\\
>>> print(os.linesep)  # 查询当前系统使用的行终止符
\r\n
```

2. 查询工作路径

如果需要了解 Python 的工作路径，那么可以使用 getcwd 函数进行查询，如代码 8-2 所示。

代码 8-2 查询工作路径

```
>>> path = os.getcwd()  # 查询当前工作路径，并赋值给 path
>>> print(path)
C:\Users\Desktop\code
```

3. 查询指定路径下的文件

使用 listdir 函数可以查询指定路径下的所有文件和目录名，如代码 8-3 所示。

代码 8-3 查询指定路径下的文件

```
>>> print(os.listdir(path))  # 查询当前工作路径下的文件
['.idea', '示例代码1.py', '示例代码2.py', '示例代码3.py']
```

4. 删除文件

使用 remove 函数可以删除指定文件，如代码 8-4 所示。

代码 8-4 删除指定文件

```
>>> os.remove('../tmp/test.xlsx')  # 删除指定文件
```

5. 创建与删除目录

使用 mkdir 函数可以创建目录；使用 rmdir 函数可以删除目录。其中，当使用 rmdir 函数删除指定路径的文件夹时，这个文件夹必须是空的，即不包含任何文件或子文件夹。创建与删除目录的操作如代码 8-5 所示。

代码 8-5　创建与删除目录

```
>>> os.mkdir('my_file')   # 创建目录
>>> os.rmdir('my_file')   # 删除目录
```

6. 对文件路径的操作

os 模块里面含有 os.path 模块相关的函数，提供了相应的对文件路径的操作。os.path 模块中常用函数及作用说明如表 8-3 所示。

表 8-3　os.path 模块常用函数及作用说明

函数名称	函数作用
os.path.isdir(name)	判断选择的对象是否为目录，返回值为布尔型
os.path.isfile(name)	判断选择的对象文件是否存在，返回值为布尔型
os.path.exists(name)	判断是否存在文件或目录对象
os.path.getsize(name)	获得文件大小，如果对象是目录，那么返回 0L
os.path.abspath(name)	获得绝对路径
os.path.isabs(name)	判断是否为绝对路径
os.path.normpath(name)	规范输入对象字符串形式
os.path.split(name)	分隔文件名与目录（事实上，如果完全使用目录，那么它也会将最后一个目录作为文件名而使其分隔开，同时它不会判断文件或目录是否存在）
os.path.splitext(name)	分离文件名和扩展名
os.path.join(path，name)	连接目录与文件名或目录
os.path.basename(name)	返回文件名
os.path.dirname(name)	返回文件路径

8.1.3　使用 shutil 模块

shutil 模块提供了更高层次的文件操作，可实现文件的移动、复制、删除、压缩和解压等功能。在 Python 中，通常使用 shutil 模块进行以下常用操作。

1. 移动文件或文件夹

使用 move 函数可以将指定的文件或文件夹移动到目标路径下，返回值是移动后的文件的绝对路径字符串。

如果目标路径指向一个文件夹，那么指定文件将被移动到目标路径指向的文件夹中，并且保持其原有名字，如代码 8-6 所示。

代码 8-6　改变路径

```
>>> import shutil
>>> print(shutil.move('../tmp/words.txt', '../data'))
../data\words.txt
```

　　如果目标路径指向的文件夹中已经存在同名文件，那么目标路径指向的文件夹中的文件将被重写；如果目标路径指向一个具体的文件，那么指定的文件在被移动后将被重命名，如代码 8-7 所示。

代码 8-7　目标路径指向具体的文件

```
>>> print(shutil.move('../tmp/squares.csv', '../tmp/MySquares.csv'))
../tmp/MySquares.csv
```

　　需要注意的是，目标路径下的文件夹必须是已经存在的，否则程序会返回错误。

2. 复制文件

　　使用 copyfile 函数可以将文件中的内容（不包含元数据）复制到目标文件中。其中目标文件无须存在，但给出的必须是完整的目标文件名。copyfile 函数的基本语法格式如下。

```
shutil.copyfile(src, dst, *, follow_symlinks=True)
```

copyfile 函数常用参数说明如表 8-4 所示。

表 8-4　copyfile 函数常用参数说明

参数名称	参数说明
src	源文件路径，可以为类似路径的对象或以字符串形式给出的路径名，无默认值，类型为字符串
dst	目标文件路径，可以为类似路径的对象或以字符串形式给出的路径名，无默认值，类型为字符串
follow_symlinks	是否跟进链接文件，默认值为 True，类型为 bool

　　使用 copyfile 函数复制文件，得到的返回值是复制后的文件的绝对路径字符串，如代码 8-8 所示。

代码 8-8　复制文件

```
>>> print(shutil.copyfile('示例代码1.py', '示例代码4.py'))
示例代码4.py
```

　　如果源文件和目标文件是同一文件，那么将会引发异常 shutil.Error。目标文件必须是可写的，否则将引发异常 IOError。如果目标文件已经存在，那么它会被替换。对于特殊文件，如字符设备文件和块设备文件等，不能使用 copyfile 函数进行复制，因为 copyfile 函数会打开并读取文件。

　　使用 copy 函数也可将文件中的内容复制到目标文件或目标目录中。当目标为目录时，

copy 函数会使用与源文件相同的文件名进行创建（或覆盖），文件权限也会被复制，返回值是复制后的文件的绝对路径字符串，如代码 8-9 所示。

代码 8-9　跨路径复制文件

```
>>> print(shutil.copy('../data/words.txt', '../tmp'))
../tmp\words.txt
```

除了可实现文件复制功能的 copy 函数和 copyfile 函数，shutil 模块还提供了 copytree 函数用于进行目录的复制，如代码 8-10 所示。

代码 8-10　复制目录

```
>>> print(shutil.copytree('../data','../test'))
../test
```

在代码 8-10 中，函数返回结果为复制后的目录的路径。"data" 文件夹下的目录将被复制到 test 文件夹内。需要注意的是，test 文件夹必须事先不存在。

3. 永久删除文件或文件夹

使用 unlink 函数可删除指定的文件；使用 rmdir 函数可删除指定路径的文件夹，但是这个文件夹必须是空的，不能包含任何文件或子文件夹。

使用 rmtree 函数可删除指定路径的文件夹，并且指定文件夹内的所有文件和子文件夹都会被删除。

因为涉及对文件与文件夹的永久删除，因此以上函数使用时必须要非常谨慎。在桌面 delect 文件夹含有子文件夹的情况下，分别使用 unlink 函数、rmdir 函数和 rmtree 函数删除文件夹的示例，如代码 8-11 所示。

代码 8-11　删除文件夹

```
>>> print(os.unlink('../delect'))
PermissionError: [WinError 5] 拒绝访问。: '../delect'
>>> print(os.rmdir('../delect'))
OSError: [WinError 145] 目录不是空的。: '../delect'
>>> print(shutil.rmtree('../delect'))
None
```

4. 压缩与解压文件

读者可以使用 make_archive 函数进行文件压缩，其基本语法格式如下。

```
shutil.make_archive(base_name, format[, root_dir[, base_dir[, verbose[, dry_
run[, owner[, group[, logger]]]]]]])
```

make_archive 函数常用参数说明如表 8-5 所示。

表 8-5　make_archive 函数常用参数说明

参数名称	参数说明
base_name	所要创建的文件的名称，包括路径，注意要去掉任何格式特定的扩展名，无默认值，类型为字符串
format	压缩的格式，其值可为 zip、tar、bztar、gztar 和 xztar，无默认值，类型为字符串
root_dir	要压缩的档案的根目录，默认为当前目录，类型为字符串

　　将文件夹（如当前路径的上一级目录下的"test"文件夹）压缩到指定路径（如当前路径的上一级目录）下的示例如代码 8-12 所示。

代码 8-12　压缩文件

```
>>> print(shutil.make_archive('../test', 'zip', root_dir='../test'))
C:\Users\DELL\Desktop\测试代码\test.zip
```

　　读者可以使用 unpack_archive 函数对压缩文件进行解压处理，其基本语法格式如下。

```
shutil.unpack_archive(filename[, extract_dir[, format]])
```

　　unpack_archive 函数常用参数说明如表 8-6 所示。

表 8-6　unpack_archive 函数常用参数说明

参数名称	参数说明
filename	所要解压的文件对象，无默认值，类型为字符串
extract_dir	解压文件存放的路径，默认为当前工作路径，类型为字符串
format	解压文件对象的格式，无默认值，类型为字符串

　　使用 unpack_archive 函数对代码 8-12 压缩后的 test.zip 文件进行解压，如代码 8-13 所示。

代码 8-13　解压文件

```
>>> print(shutil.unpack_archive('../test.zip','../test'))
None
```

　　在代码 8-13 中，unpack_archive 函数将 test.zip 压缩包中的文件解压到指定路径（当前路径的上一级目录）下的 test 文件夹里。

8.1.4　任务实现

　　根据任务分析，本任务的具体实现过程可以参考以下操作。

　　（1）使用 os 模块中的 getcwd 函数查询当前工作路径。

　　（2）使用 shutil 模块中的 copy 函数将当前路径中 data 文件夹下的内容复制到 out_file 文件夹中。

8.1　使用 os、shutil 模块实现文件的增删改查等操作

（3）使用 shutil 模块中的 make-archive 函数将 out_file 文件夹压缩为 zip 格式。

参考代码如任务实现 8-1 所示。

任务实现 8-1

```
# 导入模块
import os
import shutil
# 查询当前工作路径
print(os.getcwd())
# 复制文件
shutil.copy('../data/words.txt', '../out_file')
# 压缩文件
shutil.make_archive('../out_file', 'zip')
```

任务 8.2 使用 math 模块实现数学计算

任务描述

math 模块是常用的数学计算模块。本任务要求通过编写 Python 程序，运用 math 模块中三角函数、幂函数与对数函数，实现随机输入一个数值即可输出相应运算所得的数值结果。

任务分析

通过以下步骤完成上述任务。

（1）了解 math 模块及模块中的三角函数、幂函数和对数函数的使用方法。

（2）使用 input 函数随机输入一个数值。

（3）分别使用 sin、atan 函数计算正弦值和反正切值。

（4）使用 exp、log 函数计算幂值和自然对数值。

8.2.1 认识 math 模块

math 模块是 Python 中用于数值和数学计算的模块。该模块提供了对 C 语言标准定义的数学函数的访问，包含常见的数学计算功能，如三角函数、幂函数、对数函数、双曲函数、数学常量的数值计算和角度转换等。

但需注意，math 模块所提供的这些函数不适用于复数的计算。与此同时，相应的计算函数是不能直接访问的，需要先导入 math 模块，然后通过 math 静态对象调用对应的计算函数；且在一般情况下使用 math 模块进行计算所返回的值均为浮点型的数值结果。

为便于读者进一步了解 math 模块，接下来将对以下几个在 math 模块中常用的函数及其功能进行介绍。

三角函数及作用说明如表 8-7 所示。

表 8-7　三角函数及作用说明

函数名称	函数作用
math.sin	返回弧度值的正弦值
math.cos	返回弧度值的余弦值
math.tan	返回弧度值的正切值
math.asin	返回弧度值的反正弦值
math.acos	返回弧度值的反余弦值
math.atan	返回弧度值的反正切值
math.atan2	返回平面中以两个弧度值为单位的反正切值
math.dist	返回两点之间的欧几里得距离
math.hypot	返回欧几里得范数
math.radians	将角度值转换为弧度值
math.degrees	将弧度值转换为角度值

幂函数和对数函数及作用说明如表 8-8 所示。

表 8-8　幂函数和对数函数及作用说明

函数名称	函数作用
math.exp	返回以 e 为底的 x 次幂的数值，其中 e = 2.718281⋯
math.expm1	返回以 e 为底的 x 次幂的值减 1
math.log	返回以 e 或其他值为底的自然对数值
math.log1p	返回 $1 + x$（以 e 为底）的自然对数值
math.log2	返回以 2 为底 x 的对数值
math.log10	返回以 10 为底 x 的对数值
math.pow	返回 x 的 y 次幂的值
math.sqrt	返回 x 的平方根

数学常量函数及作用说明如表 8-9 所示。

表 8-9　数学常量函数及作用说明

函数名称	函数作用
math.pi	返回数学常数 π 的值

续表

函数名称	函数作用
math.e	返回数学常数 e 的值
math.tau	返回数学常数 τ 的值
math.inf	用于表示浮点正无穷大
math.nan	用于表示浮点"非数字"（NaN）值

8.2.2 运用三角函数

Python 提供了许多三角函数的计算方法，可为开发人员提供快捷便利的操作，接下来将对常用的三角函数进行介绍和说明。

1. sin、cos、tan 函数

使用 sin 函数可计算并返回 x（弧度）的三角正弦值；使用 cos 函数可计算并返回 x（弧度）的三角余弦值；使用 tan 函数可计算并返回 x（弧度）的三角正切值。这 3 种函数的 x（弧度）取值均为任意值，返回的数值结果均在-1 到 1 之间。应用示例如代码 8-14 所示。

代码 8-14　sin、cos、tan 函数的应用

```
>>> import math
>>> print(math.sin(3))   # 计算当弧度值为 3 时的正弦值
0.1411200080598672
>>> print(math.cos(6))   # 计算当弧度值为 6 时的余弦值
0.960170286650366
>>> print(math.tan(9))   # 计算当弧度值为 9 时的正切值
-0.45231565944180985
```

2. asin 函数

使用 asin 函数可计算并返回以弧度为单位的 x 的反正弦值，x 的取值为-1 到 1 之间的一个数值，因此若 x 的取值超出-1 到 1 这个范围，函数的计算将无法进行。此外，使用 asin 函数进行数学计算所返回的结果均在 $-\pi/2$ 到 $\pi/2$ 之间。asin 函数的应用如代码 8-15 所示。

代码 8-15　asin 函数的应用

```
>>> print(math.asin(0.5))   # 计算当弧度值为 0.5 时的反正弦值
0.5235987755982989
```

3. acos 函数

使用 acos 函数可计算并返回以弧度为单位的 x 的反余弦值，x 的取值为-1 到 1 之间的一个数值，因此若 x 的取值超出-1 到 1 这个范围，函数的计算将无法进行。同时，使用 acos 函数进行数学计算所返回的结果在 0 到 π 之间。acos 函数的应用如代码 8-16 所示。

代码 8-16　acos 函数的应用

```
>>> print(math.acos(1))   # 计算当弧度值为 1 时的反余弦值
0.0
```

4. atan 函数

使用 atan 函数可计算并返回以弧度为单位的 x 的反正切值，x 的取值可为任意数值。使用 atan 函数进行数学计算所返回的结果在 $-\pi/2$ 到 $\pi/2$ 之间。atan 函数的应用如代码 8-17 所示。

代码 8-17　atan 函数的应用

```
>>> print(math.atan(30))   # 计算当弧度值为 30 时的反正切值
1.5374753309166493
```

8.2.3　运用幂函数与对数函数

幂函数与对数函数的应用在生活中非常常见，它们几乎存在于生活的各处，同时其形式多变，极其丰富。在 Python 中常见的幂函数与对数函数的介绍及计算操作如下。

1. exp、pow 函数

使用 exp 函数可计算并返回 e 的 x 次幂的值，其中 e 表示的是自然对数的基数，其取值约为 2.7。

使用 pow 函数可计算并返回 x 的 y 次幂。需注意，当 x 的取值为 1.0 或 y 取值为 0.0 时，pow(1.0, y) 和 pow(x, 0.0) 的结果都会返回 1.0。当 x 的取值为负数，且 y 不为整数时，pow 函数便无法进行数学计算。exp 和 pow 函数的应用如代码 8-18 所示。

代码 8-18　exp 和 pow 函数的应用

```
>>> print(math.exp(100))   # 计算 e 的 100 次幂
2.6881171418161356e+43
>>> print(math.pow(3,4))   # 计算 3 的 4 次幂
81.0
```

2. log 函数

使用 log 函数可计算并返回指定 x 的自然对数值，x 的取值为大于 0 的任意数值。此外，log 函数还可指定底数的取值，若使用 log 函数时未指定底数值，则函数会默认底数值为 e。log 函数的应用如代码 8-19 所示。

代码 8-19　log 函数的应用

```
>>> print(math.log(55))   # 计算当默认底数为 e，x 为 55 时的自然对数值
4.007333185232471
>>> print(math.log(10,2))   # 计算当底数为 10，x 为 2 时的自然对数值
3.3219280948873626
```

3. sqrt 函数

使用 sqrt 函数可计算并返回 x 的平方根，其中 x 为大于 0 的任意数值，其应用如代码 8-20 所示。

代码 8-20   sqrt 函数的应用

```
>>> print(math.sqrt(100))    # 计算当 x 为 100 时的平方根
10.0
```

8.2.4   任务实现

根据任务分析，本任务的具体实现过程可以参考以下操作。

（1）使用 input 函数从键盘中输入随机数值。

（2）使用 sin 函数计算输入数值的正弦值。

（3）使用 atan 函数计算输入数值的反正切值。

（4）使用 exp 函数计算输入数值的幂值。

（5）使用 log 函数计算输入数值的自然对数值。

参考代码如任务实现 8-2 所示。

8.2　使用 math 模块实现数学计算

任务实现 8-2

```
# 导入模块
import math
# 随机输入数值
numbers = int(input('请输入一个数值：'))
# 计算 sin 正弦值
print(math.sin(numbers))
# 计算 atan 反正切值
print(math.atan(numbers))
# 计算 e 的 numbers 次幂
print(math.exp(numbers))
# 计算 numbers 的自然对数值
print(math.log(numbers))
```

任务 8.3　使用 random 模块生成随机数

任务描述

random 是常用的生成随机数的模块。本任务要求通过编写 Python 程序，运用 random 模块中的 uniform 浮点数函数、randrange 整数函数和 choice 序列函数，实现当键盘输入符合条件的随机数值时，得到每一个函数对应的运行结果。

![任务分析]

通过以下步骤可完成上述任务。

（1）了解 random 模块。

（2）使用 uniform 函数随机生成一个浮点数。

（3）使用 randrange 函数随机生成一个整数。

（4）使用 choice 函数从序列中随机返回一个元素。

8.3.1　认识 random 模块

random 是 Python 中一个用于生成伪随机数的模块。该模块提供的功能实际上是 random.Random 类隐藏实例的绑定方法，用户可实例化自己的实例，以获取不共享状态的生成器；同时该模块还提供使用系统功能从操作系统提供的源中生成随机数的类。

random 模块可生成 6 种不同功能及状态的随机数，包含簿记功能、字节函数、整数函数、序列函数、实值分布、替代生成器。簿记功能主要起到初始化随机数生成器及捕获、调整生成器的状态的作用；字节函数、整数函数和序列函数主要是生成与名称对应类型的随机数；实值分布为生成特定函数分布的数值；替代生成器可使用 random 模块的默认伪随机数生成器和从操作系统提供的源生成随机数。当使用默认的伪随机数生成器的类时需注意，类中的类型必须为 NoneType、int、float、string、bytes 或 bytearray 中的一种；而当使用系统提供的源的类时需注意，并非在所有系统上都可用，同时系统提供的类不依赖软件状态。

为便于读者对 random 模块有进一步的了解，接下来将介绍在该模块中常用的函数及其作用说明。

整数函数及作用说明如表 8-10 所示。

表 8-10　整数函数及作用说明

函数名称	函数作用
random.randrange	返回一个小于指定数值的随机整数，或指定数值范围和步长的随机整数
random.randint	返回一个包含在指定范围内的随机整数
random.getrandbits	返回具有指定位数的随机非负整数

序列函数及作用说明如表 8-11 所示

表 8-11　序列函数及作用说明

函数名称	函数作用
random.choice	从非空序列中返回一个随机元素
random.choices	从群集中随机选取一个列表
random.shuffle	将输入的序列进行随机排序
random.sample	返回从总体序列或集合中选择的 k 个唯一的元素的列表

实值分布函数及作用说明如表 8-12 所示。

表 8-12　实值分布函数及作用说明

函数名称	函数作用
random.random	返回[0.0,1.0)的一个随机浮点数
random.uniform	返回在指定范围内的一个随机浮点数
random.triangular	返回一个包含在指定范围内的三角形分布的随机数
random.betavariate	满足 β 分布，返回的结果为 0～1 的随机浮点数
random.expovariate	返回满足指数分布的随机浮点数
random.gammavariate	返回满足伽马分布的随机浮点数
random.gauss	返回满足高斯分布的随机浮点数
random.lognormvariate	返回满足对数正态分布的随机浮点数
random.normalvariate	返回满足正态分布的随机浮点数
random.vonmisesvariate	返回满足冯·米塞斯分布的随机浮点数
random.paretovariate	返回满足帕累托分布的随机浮点数
random.weibullvariate	返回满足韦布尔分布的随机浮点数

8.3.2　生成随机浮点数

为便于开发人员使用，Python 提供了随机浮点数的生成功能，通过指定的函数便可生成各种符合需求的取值结果。

使用 random 函数可生成并返回[0.0,1.0)内的一个随机浮点数；使用 uniform 函数可生成并返回指定范围内的一个随机浮点数，如代码 8-21 所示。

代码 8-21　random、uniform 函数的应用

```
>>> import random
>>> print(random.random())  # 产生一个函数默认范围内的随机浮点数
0.12802357745339243
>>> print(random.uniform(8,9))  # 产生一个属于范围[8,9]的随机浮点数
8.731124728694084
```

8.3.3　生成随机整数

整数是生活中最常见的数值类型之一。Python 可实现在指定限制条件下生成随机整数，从而得到所需结果的功能，常见的生成随机整数的函数介绍和具体应用示例如下。

1. randrange 函数

使用 randrange 函数可生成并返回一个随机的整数，但需注意 randrange 函数中的参数设置会影响生成的随机整数。该函数的参数都必须为整数，且其参数的数量设置还可分为以下 3 种情况。

（1）当仅存在一个参数时，函数会随机生成一个小于且不等于该参数的随机整数。

（2）当存在两个参数时，便确定了生成的随机整数的范围，且生成的随机整数大于或等于第一个参数值，小于第二个参数值。

（3）当存在 3 个参数时，前两个参数的作用与情况二相同，而第 3 个参数所起到的作用为限制随机整数的步长。例如，当第 3 个参数为 2 时，生成的随机整数的取值是在建立的数值范围内以首参数为基础依次迭代加 2 形成的。

使用 randrange 函数生成随机整数的示例，如代码 8-22 所示。

代码 8-22　randrange 函数的应用

```
>>> print(random.randrange(2))    # 产生一个小于 2 的随机整数
1
>>> print(random.randrange(2,4))    # 产生一个属于范围[2,4)的随机整数
3
>>> print(random.randrange(5,10,2))    # 产生一个属于范围[5,10)且在 5 的基础上依次迭代
加 2 的随机整数
9
```

2. randint 函数

使用 randint 函数可生成并返回一个指定范围内的随机整数。需注意，该函数设置的参数都必须为整数，且所生成的随机整数的取值还包含了始末数值。其应用示例如代码 8-23 所示。

代码 8-23　randint 函数的应用

```
>>> print(random.randint(4,6))    # 产生一个属于范围[4,6]的随机整数
6
```

8.3.4　从序列中生成随机元素

类似于在抽奖箱中进行的随机抽奖，利用 random 模块从给定的序列中进行随机抽取，即可获得（或生成）随机的元素。常见的从序列中生成随机元素的函数介绍及具体操作如下。

1. choice 函数

使用 choice 函数可从一个非空序列中返回一个随机元素，其中，该序列的形式可为列表、元组或字符串。其应用示例如代码 8-24 所示。

代码 8-24　choice 函数的应用

```
>>> print(random.choice([1, 2, 3, 5, 9, 10]))  # 可得到一个存在于列表中的随机元素
3
```

2. sample 函数

使用 sample 函数可返回总体序列或集合中 *k* 个元素的列表，在生活中常用于无重复的随机抽样。sample 函数的应用如代码 8-25 所示。

代码 8-25　sample 函数的应用

```
>>> list = ['I','Love','Python']
>>> print(random.sample(list ,2))  # 可得到一个在列表中随机选取指定个数的元素列表
['Python', 'I']
```

8.3.5　任务实现

根据任务分析，本任务的具体实现过程可以参考以下操作。

（1）使用 input 函数从键盘中输入随机范围和序列。

（2）使用 uniform 函数生成输入范围内的随机浮点数。

（3）使用 randrange 函数生成输入范围内的随机整数。

（4）使用 choice 函数在输入的指定序列中生成随机元素。

参考代码如任务实现 8-3 所示。

8.3　使用 random 模块生成随机数

任务实现 8-3

```
# 导入模块
import random
# 随机输入数值
numbers1, numbers2 = map(int,input('请输入一组指定范围（数值之间用空格隔开）: ').split())
numbers3 = input('请输入一个序列（此处为字符串）: ')
# 使用 uniform 函数在指定范围内生成一个随机浮点数
print(random.uniform(numbers1, numbers2))
# 使用 randrange 函数在指定范围内生成一个随机整数
print(random.randrange(numbers1, numbers2))
# 使用 choice 函数从序列中生成一个随机元素
print(random.choice(numbers3))
```

任务 8.4　使用 datetime 模块获得用户用餐时长

任务描述

在处理数据时，难免会遇到关于时间的数据，如餐饮行业的点餐时间和结账时间。本

任务要求通过 Python 的 datetime 模块将 date.csv 文件中字符串类型的时间数据转换为时间类型，并计算每一个订单的用餐时长。

 任务分析

通过以下步骤实现上述任务。

（1）认识 datetime 模块。

（2）使用 csv.DictReader 类读取数据并提取点餐时间和结账时间。

（3）使用 strptime 函数将提取的时间转换为时间类型的数据。

（4）计算点餐时间与结账时间的时间差。

8.4.1　认识 datetime 模块

datetime 模块是 Python 中用于操作日期和时间的模块，包含字符串类型与时间类型的相互转换、时间算术运算、标准时间时区转换等功能。本节主要介绍 datetime 模块下的 date、time、datetime、timedelta 类的使用方法。其中，date 类用于日期类型处理；time 类用于时间类型处理；而 datetime 类相当于 time、date 类的结合，包含了这两个类的全部方法；timedelta 类用于时间的算术运算。

date 类的相关方法及作用说明如表 8-13 所示。

表 8-13　date 类的相关方法及作用说明

方法名称	方法作用
date.today()	返回当前日期
date.fromtimestamp()	返回时间戳的 date 对象
date.fromordinal()	返回对应于预期公元纪年的日期
date.fromisoformat()	返回格式为"YYYY-MM-DD"的日期字符串转化的 date 对象
date.fromisocalendar()	返回对应的 ISO 日历日期指定的年、周和天的 date 对象
date.replace()	返回一个替换指定日期字段的新 date 对象
date.timetuple()	返回 date 对象的时间元组
date.toordinal()	返回日期的预期公元纪年序号
date.weekday()	返回指定日期所在的星期数（周一为 0、周日为 6）
date.isoweekday()	返回符合 ISO 标准的指定日期所在的星期数（周一为 1、周日为 7）
date.isocalendar()	返回一个包含 3 个值的元组，3 个值依次为年份、周数、星期数（周一为 1、周日为 7）
date.isoformat()	返回符合 ISO 的日期字符串，如 YYYY-MM-DD
date.ctime()	返回时间戳转化的 asctime 形式，如 Fri Dec 4 00:00:00 2020
date.strftime()	返回 date 对象转化的指定格式的字符串

time 类的相关方法及作用说明如表 8-14 所示。

表 8-14　time 类的相关方法及作用说明

方法名称	方法作用
time.fromisoformat()	返回 ISO 格式的时间字符串转化的一个 time 对象，如 HH:MM:SS:ffff
time.replace()	返回一个替换指定时间字段的新 time 对象
time.isoformat()	返回 time 对象转化的 ISO 格式的时间字符串
time.strftime()	返回 time 对象转化的给定格式的字符串，如%H:%M:%S
time.utcoffset()	返回 time 对象与世界标准时间（UTC）的偏移量
time.dst()	返回 time 对象的夏令时
time.tzname()	返回 time 对象的时区名称

由于 datetime 类与 date、time 两个类的方法存在较多的重复，所以这里将只展示 datetime 类独有的方法。datetime 类的相关方法及作用说明如表 8-15 所示。

表 8-15　datetime 类的相关方法及作用说明

方法名称	方法作用
datetime.now()	返回当前日期时间的 datetime 对象
datetime.utcnow()	返回当前日期时间的 UTC datetime 对象
datetime.utcfromtimestamp()	返回 UTC 时间戳的 datetime 对象
datetime.combine()	返回 date 对象和 time 对象合并的 datetime 对象
datetime.strptime()	返回给定的时间格式对应的 datetime 对象
datetime.timetz()	返回具有相同时、分、秒、微秒、倍数和 tzinfo 的时间对象
datetime.astimezone()	返回更改时区的 datetime 对象
datetime.utctimetuple()	返回 UTC 时间元组
datetime.timestamp()	返回时间戳

timedelta 类的相关方法主要有 timedelta.total_seconds()，其用于返回以秒为单位的时间差。

8.4.2　时间数据基础操作

虽然 date、time、datetime 这 3 个类的侧重领域各有不同，但是同为处理时间数据的类，它们自然也有着不少的共同点，如数值替换、类型转换等基础操作。使用 date、time、datetime 类进行简单的基础操作如下。

1. 使用 date 类

读者可以使用 date 类创建一个 date 对象，date 类的语法格式如下。

```
class datetime.date(year, month, day)
```

date 类的参数及其说明如表 8-16 所示。

表 8-16 date 类的参数及其说明

参数名称	参数说明
year	年，范围是[1,9999]，无默认值，类型为 int
month	月，范围是[1,12]，无默认值，类型为 int
day	天数，即当月中的第几天，无默认值，类型为 int

注意

date 类的参数必须有完整的 year 值、month 值和 day 值，否则程序运行会报错。

date 类创建的对象拥有 year、month 和 day 这 3 个属性，如果需要改变对象属性的值，那么可以使用 date.replace()方法。date.replace()方法的语法格式如下。

```
date.replace(year=self.year, month=self.month, day=self.day)
```

与 date 类相比，date.replace()方法参数的默认值为对应参数的形参新值，其余参数说明相同。

调用对象的基本属性获得日期的年、月、日，并使用 date.replace()方法改变年和日，如代码 8-26 所示。

代码 8-26 创建并修改日期

```
>>> from datetime import date, time, datetime
>>> d = date(2021, 4, 1)  # 创建 date 型的对象
>>> print('年: {}\n月: {}\n日: {}'.format(d.year, d.month, d.day))
年: 2021
月: 4
日: 1
>>> d1 = d.replace(year=2020, day=6)  # 改变日期的年和日
>>> print('年: {}\n月: {}\n日: {}'.format(d1.year, d1.month, d1.day))
年: 2020
月: 4
日: 6
```

在处理日期类型数据时，确定日期是星期几有助于发现数据中的隐含信息，如将餐厅数据中的日期转化为星期数，并提取周五的全部订单数据，发现某些菜品的下单率远高于平常时期，可以据此进行提前备菜。将日期转化为星期数如代码 8-27 所示。

代码 8-27　将日期转化为星期数

```
>>> print(d.timetuple())
time.struct_time(tm_year=2021, tm_mon=4, tm_mday=1, tm_hour=0, tm_min=0,
tm_sec=0, tm_wday=3, tm_yday=91, tm_isdst=-1)
>>> print(d.weekday())  # 得到日期的星期数，周一为 0
3
>>> print(d.isoweekday())  # 得到日期的星期数，周一为 1
4
>>> print(d.isocalendar())  # 得到日期的年份、周数、星期数（周一为 1）
(2021, 13, 4)
```

date 类型与字符串型和整型的相互转换如代码 8-28 所示。

代码 8-28　date 类型与字符串型和整型的相互转换

```
>>> print(d.isoformat())  # 字符串型
'2021-04-01'
>>> print(date.fromisoformat('2021-04-01'))
2021-04-01
>>> print(date.toordinal(d))  # 整型
737881
>>> print(date.fromordinal(737881))
2021-04-01
```

2. 使用 time 类

使用 time 类创建一个 time 对象，time 类的语法格式如下。

```
class datetime.time(hour=0, minute=0, second=0, microsecond=0, tzinfo=None, *,
fold=0)
```

time 类的主要参数及其说明如表 8-17 所示。

表 8-17　time 类的主要参数及其说明

参数名称	参数说明
hour	小时，范围是[0,24]，默认为 0，类型为 int
minute	分钟，范围是[0,60]，默认为 0，类型为 int
second	秒钟，范围是[0,60]，默认为 0，类型为 int
microsecond	微秒，范围是[0,1000000]，默认为 0，类型为 int

在创建 time 对象时可以不用完整地输入时、分、秒、微秒，对于缺少的值程序会默认为 0。

time 类创建的对象拥有 hour、minute、second 和 microsecond 这 4 个属性。如果需要改变对象属性的值，那么可以使用 time.replace()方法。time.replace()方法的语法格式如下。

```
time.replace(hour=self.hour, minute=self.minute, second=self.second,microsecond=
self.microsecond, tzinfo=self.tzinfo, *, fold=0)
```

在 time.replace()方法中，前 5 个参数的默认值为对应参数的形参新值，与 time 类参数的默认值不同，其余均相同。

调用对象的基本属性获得时间的时、分、秒、微秒，并使用 time.replace()方法改变时间当中的分，如代码 8-29 所示。

代码 8-29　创建并修改时间

```
>>> t = time(8)
>>> print(t)
08:00:00
>>> print('时: {}\n分: {}\n秒: {}\n微秒: {}'\
...       .format(t.hour, t.minute, t.second, t.microsecond))
时: 8
分: 0
秒: 0
微秒: 0
>>> t = t.replace(minute=20)
>>> print('时: {}\n分: {}\n秒: {}\n微秒: {}'\
...       .format(t.hour, t.minute, t.second, t.microsecond))
时: 8
分: 20
秒: 0
微秒: 0
```

time 类型与字符串型可以进行相互转换，使用 time.strftime()方法可以指定得到字符串型数据，time.isoformat()方法会默认返回标准时间的时、分、秒格式，如代码 8-30 所示。

代码 8-30　time 类型与字符串型的相互转换

```
>>> print(t.strftime('%H:%M:%S:%f'))   # 指定得到字符串型数据
'08:20:00:000000'
>>> print(t.strftime('%H:%M'))
'08:20'
>>> print(time.fromisoformat('08:20:00:000000'))   # 将字符串型转换为时间型
08:20:00
>>> print(t.isoformat())
'08:20:00'
```

3. 使用 datetime 类

由于 datetime 类相当于 date、time 类的结合，所以可以根据前面创建的 date 对象和 time 对象，使用 combine()方法将两者合并为一个 datetime 对象。datetime 类的语法格式如下。

```
class datetime.datetime(year, month, day, hour=0, minute=0, second=0,microsecond=0,
tzinfo=None, *, fold=0)
```

由于 datetime 类是 date 类和 time 类的结合，所以其参数说明同样也是 date 类和 time 类的参数说明结合，如表 8-16、表 8-17 所示。

修改 datetime 对象的基本属性可以使用 datetime.replace()方法，其语法格式如下。

```
datetime.replace(year=self.year, month=self.month, day=self.day, hour=self.
hour, minute=self.minute, second=self.second, microsecond=self.microsecond,
tzinfo=self.tzinfo, *, fold=0)
```

datetime.replace()方法的参数是 date.replace()方法和 time.replace()方法参数的结合，此处不再赘述。

获得 datetime 对象中的日期和时间部分，可以分别使用 date()方法和 time()方法，如代码 8-31 所示。

代码 8-31 创建 datetime 对象并获得日期和时间部分

```
>>> dt = datetime.combine(d, t)  # 合并日期和时间
>>> print(dt)
2021-04-01 08:20:00
>>> print(dt.date())  # 获得日期部分
2021-04-01
>>> print(dt.time())  # 获得时间部分
08:20:00
```

datetime 类型与字符串型和浮点型的相互转换如代码 8-32 所示。

代码 8-32 datetime 类型与字符串型和浮点型的相互转换

```
>>> print(datetime.timestamp(dt))
1617236400.0
>>> print(datetime.fromtimestamp(1617236400.0))
2021-04-01 08:20:00
>>> print(dt.strftime('%Y/%m/%d %H:%M'))
'2021/04/01 08:20'
>>> print(datetime.strptime('2016/2/5 19:08', '%Y/%m/%d %H:%M'))
2016-02-05 19:08:00
```

8.4.3 算术运算时间数据

timedelta 对象表示两个时间之间的差。当两个 date 对象或 datetime 对象相减时，即可

返回一个 timedelta 对象。使用 timedelta 类可以轻松得到给定时间间隔的时间，如获取 1 年
26 天 35 分前的具体时间。timedelta 类的语法格式如下。

```
class datetime.timedelta(days=0, seconds=0, microseconds=0, milliseconds=0,
minutes=0, hours=0, weeks=0)
```

timedelta 类的参数及其说明如表 8-18 所示。

表 8-18　timedelta 类的参数及其说明

参数名称	参数说明
days	天数，默认为 0，类型为 int 或 float
seconds	秒数，默认为 0，类型为 int 或 float
microseconds	微秒，默认为 0，类型为 int 或 float
milliseconds	毫秒，默认为 0，类型为 int 或 float
minutes	分钟，默认为 0，类型为 int 或 float
hours	小时，默认为 0，类型为 int 或 float
weeks	星期，默认为 0，类型为 int 或 float

在 timedelta 对象内部只能存储 days、seconds、microseconds 的值，其他参数的值会自
动按时间规则进行转换。参数的值可以是整数、浮点数，可以是正数也可以是负数。

将其他参数的值转换为 days、seconds、microseconds 的示例如代码 8-33 所示。

代码 8-33　参数值的转换

```
>>> from datetime import timedelta
>>> delta = timedelta(days=50, seconds=27, microseconds=10,
...                    milliseconds=29000, minutes=5, hours=8,
...                    weeks=2)
>>> print(delta)
64 days, 8:05:56.000010
```

计算 2021 年 4 月 1 日 45 天后的日期的操作如代码 8-34 所示。

代码 8-34　计算 2021 年 4 月 1 日 45 天后的日期

```
>>> delta = timedelta(days=45)
>>> newtime = dt + delta
>>> print('原时间: ', dt)
原时间: 2021-04-01 08:20:00
>>> print('运算后时间: ', newtime)
运算后时间: 2021-05-16 08:20:00
```

对时间间隔进行算术运算的操作如代码 8-35 所示。

代码 8-35　对时间间隔进行算术运算

```
>>> year = timedelta(days=365)
>>> ten_years = 10 * year
>>> print(ten_years)
3650 days, 0:00:00
>>> print(ten_years.days // 365)
10
>>> nine_years = ten_years - year
>>> print(nine_years)
3285 days, 0:00:00
>>> three_years = nine_years // 3
>>> print(three_years, three_years.days // 365)
1095 days, 0:00:00 3
```

8.4.4　任务实现

根据任务分析，本任务的具体实现过程可以参考以下操作。

（1）提取点餐时间和结账时间。

（2）使用 strptime 函数匹配点餐时间和结账时间中的年、月、日、时、分，将字符串型转换为时间型。

（3）计算点餐时间和结账时间的时间差。

参考代码如任务实现 8-4 所示。

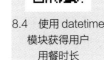

8.4　使用 datetime 模块获得用户用餐时长

任务实现 8-4

```
import csv
from datetime import datetime


# 提取点餐时间
file = '../data/date.csv'
with open(file, 'r', encoding='utf-8') as f:
    reader = csv.DictReader(f)
    use_start_time = [a['use_start_time'] for a in reader]
# 提取结账时间
with open(file, 'r', encoding='utf-8') as f:
    reader = csv.DictReader(f)
    lock_time = [a['lock_time'] for a in reader]


use_start_time = [datetime.strptime(i, '%Y/%m/%d %H:%M')
```

```
                        for i in use_start_time]  # 将字符串型转换为时间型
lock_time = [datetime.strptime(i, '%Y/%m/%d %H:%M')
                        for i in lock_time]  # 将字符串型转换为时间型

# 计算时间差
delda = list(map(lambda x: x[0]-x[1], zip(lock_time, use_start_time)))
```

任务 8.5　使用 re 模块获得字符串中的名字、电话

任务描述

在日常的数据分析中，通常使用的是经过一定处理的结构化数据，而第一手数据往往是半结构化的。本任务要求从半结构化的数据"张三（男）:123456; 李四（女）:123123。张三:湖南; 李四:黑龙江"中提取名字和电话号码。

任务分析

通过以下步骤可完成上述任务。

（1）了解 re 模块并掌握 re 模块常用函数的使用方法。

（2）使用正则表达式匹配数据中的名字和电话号码。

（3）使用 findall 函数返回匹配结果。

（4）使用 zip 函数将结果打包成元组并输出展示。

8.5.1　认识 re 模块

Python 中的 re 模块提供了与 Perl 语言类似的正则表达式匹配操作，re 模块将正则表达式编译成模式对象，然后通过这些模式对象执行模式匹配搜索、字符串分割、字符串替换等操作。re 模块使 Python 拥有全部的正则表达式功能。

正则表达式是对字符串进行操作的一种逻辑公式；是一种小巧的、高度专用的编程语言。通过正则表达式可以对指定的文本实现匹配测试、内容查找、内容替换、字符串分割等功能。正则表达式的设计思想是使用一种描述性的语言给字符串定义一个规则，凡是符合规则的字符串即可匹配成功，否则匹配不成功。

re 模块的相关函数及作用说明如表 8-19 所示。

表 8-19　re 模块的相关函数及作用说明

函数名称	函数作用
re.findall	匹配字符串中的全部样式，返回组合列表
re.search	匹配符合样式的第一个位置，返回包含匹配信息的对象
re.split	按匹配样式切分字符串，返回列表

函数名称	函数作用
re.sub	替换匹配样式的文本，返回字符串
re.match	匹配 0 到多个样式，返回包含匹配信息的对象
re.fullmatch	匹配整个字符串，返回包含匹配信息的对象
re.finditer	匹配字符串中的全部样式，返回迭代器保存的匹配对象
re.subn	替换匹配样式的文本，返回元组
re.escape	转义样式中的特殊字符
re.purge	清除正则表达式的缓存

8.5.2　掌握 re 模块常用函数

re 模块不仅包括匹配函数，而且可通过正则表达式与匹配函数的结合应用匹配到字符串中指定的位置和长度等信息。re 模块常用函数有 findall、search、split、sub。

1．findall 函数

findall 函数返回的是正则表达式在字符串中所有匹配结果的列表。findall 函数的语法格式如下。

```
re.findall(pattern, string, flags=0)
```

findall 函数的参数及其说明如表 8-20 所示。

表 8-20　findall 函数的参数及其说明

参数名称	参数说明
pattern	匹配的正则表达式样式，无默认值，类型为字符串
string	需要匹配的字符串，无默认值，类型为字符串
flags	编译标志，用来修改正则表达式的匹配方法，默认为 0，类型为 int 或函数

如果正则表达式与字符串匹配成功，那么将会以列表的形式返回字符串中所有与 pattern 相匹配的字符串；如果匹配失败，那么将会返回一个空列表。使用 findall 函数匹配"正则表达式"的示例如代码 8-36 所示。

代码 8-36　使用 findall 函数匹配"正则表达式"

```
>>> import re
>>> text1 = '正则表达式一般由一些普通字符和一些元字符组成。'+ \
...     '正则表达式是一种可以用于模式匹配和替换的工具'
>>> print(re.findall('正则表达式', text1))   # 返回一个列表
['正则表达式', '正则表达式']
```

2．search 函数

search 函数在整个字符串内对正则表达式进行匹配，找到第一个匹配对象后返回一个包含匹配信息的对象。search 函数的语法格式如下。

```
re.search(pattern, string, flags=0)
```

search 函数的参数说明和 findall 函数的参数说明相同，如表 8-20 所示。

如果字符串中没有能够匹配的对象，那么返回 None。与 findall 函数不同的是，search 函数并不要求从字符串的开头进行匹配，即正则表达式可以是字符串的一部分。使用 search 函数匹配"正则表达式"的示例如代码 8-37 所示。

代码 8-37　使用 search 函数匹配"正则表达式"

```
>>> print(re.search('正则表达式', text1))  # 返回一个匹配
<re.Match object; span=(0, 5), match='正则表达式'>
```

3．split 函数

split 函数能够按照匹配的正则表达式将字符串进行切分，并返回切分后的字符串列表。split 函数的语法格式如下。

```
re.split(pattern, string, maxsplit=0, flags=0)
```

在 split 函数中，pattern、string 和 flags 的参数说明与 findall 函数的参数说明相同。相比于 findall 函数，split 函数多了一个 maxsplit 参数，其接收 int 型数据，表示最大分割次数，如果不指定 maxsplit 参数，那么字符串将被全部分割，该参数默认为 0。

如果没有可匹配的项，那么将会返回原来的字符串。使用 split 函数按"。"切分文本的示例如代码 8-38 所示。

代码 8-38　使用 split 函数按"。"切分文本

```
>>> p_string = text1.split('。')  # 按句号进行切分
>>> print(p_string)
['正则表达式一般由一些普通字符和一些元字符组成', '正则表达式是一种可以用于模式匹配和替换的工具']
```

4．sub 函数

sub 函数能够找到所有匹配正则表达式的字符串并用指定的字符串进行替换。sub 函数的语法格式如下。

```
re.sub(pattern, repl, string, count=0, flags=0)
```

如果字符串 string 中的内容匹配了正则表达式，那么会将匹配到的字符串替换成 repl。sub 函数的参数及其说明如表 8-21 所示。

表 8-21　sub 函数的参数及其说明

参数名称	参数说明
pattern	匹配的正则表达式样式，无默认值，类型为字符串

续表

参数名称	参数说明
repl	接收类型为字符串或函数，若为字符串，则表示反斜杠转义序列被处理；若为函数，则对每个非重复的 pattern 的情况进行调用，无默认值
string	需要匹配的字符串，无默认值，类型为字符串
count	要替换的最大次数，默认为 0，类型为 int
flags	编译标志，用来修改正则表达式的匹配方法，默认为 0，类型为 int 或函数

使用 sub 函数替换指定文本的示例如代码 8-39 所示。

代码 8-39　使用 sub 函数替换指定文本

```
>>> print(re.sub('正则表达式', '123', text1))   # 文本替换
123 一般由一些普通字符和一些元字符组成。123 是一种可以用于模式匹配和替换的工具
```

8.5.3　了解正则表达式语法

正则表达式通常由一些普通字符和一些元字符组成。普通字符常为大小写字母、数字和中文字符，元字符是具有特殊含义的字符。在 8.5.2 小节的示例中使用的正则表达式由普通字符组成，因此本小节主要介绍元字符的使用。

元字符的应用是正则表达式强大的原因之一。元字符由特殊符号组成，定义了字符集合、子组匹配、模式重复次数。元字符通过转义字符和其他符号的组合进行字符匹配，使得正则表达式不仅可以匹配一个字符串，而且可以匹配字符串集合。

1．字符匹配

（1）英文句号（.）

英文句号（.）表示匹配除去换行符"\n"之外的任意一个字符。使用英文句号（.）进行匹配的示例如代码 8-40 所示。

代码 8-40　使用英文句号（.）进行匹配

```
>>> print(re.findall('正.表达式', text1))
['正则表达式', '正则表达式']
```

（2）方括号（[]）

方括号（[]）表示匹配多个字符，在方括号内部的所有字符都会被匹配。使用方括号（[]）进行匹配的示例如代码 8-41 所示。

代码 8-41　使用方括号（[]）进行匹配

```
>>> print(re.findall('一[般些]', text1))   # 匹配[]内的任意一个字符
['一般', '一些', '一些']
```

（3）竖线（|）

竖线（|）用于对左右两个正则表达式进行匹配。A 和 B 可以是任意正则表达式，扫描

目标字符串时，由"|"分隔开的正则样式从左到右进行匹配。当一个样式完全匹配时，这个分支就被接受。也就是说，一旦 A 匹配成功，B 就不再进行匹配。使用竖线（|）进行匹配的示例如代码 8-42 所示。

代码 8-42　使用竖线（|）进行匹配

```
>>> print(re.findall('正则表|正则表达式', text1))  # 使用|进行匹配
['正则表', '正则表']
```

（4）乘方符号（^）

乘方符号（^）表示匹配字符串起始位置的内容，如"^正则"表示匹配所有以"正则"开头的字符串。应用示例如代码 8-43 所示。

代码 8-43　匹配所有以"正则"开头的字符串

```
>>> for line in p_string:
...     if len(re.findall('^正则', line)):
...             print(line)
正则表达式一般由一些普通字符和一些元字符组成
正则表达式是一种可以用于模式匹配和替换的工具
```

（5）货币符号（$）

货币符号（$）表示匹配字符串的结束位置的内容，如"组成$"表示匹配所有以"组成"结尾的字符串。应用示例如代码 8-44 所示。

代码 8-44　匹配所有以"组成"结尾的字符串

```
>>> for line in p_string:
...     if len(re.findall('组成$', line)):
...             print(line)
正则表达式一般由一些普通字符和一些元字符组成
```

（6）量化符号

常见的量化符号有"?""*""+""{n}""{n,}""{m,n}"。英文句号、方括号、竖线、乘方符号和货币符号在面对重复出现的字符时会显得力不从心，而量化符号的使用使得正则表达式更为简洁，如"12333333"可以使用"123+"进行匹配。量化符号的含义说明如表 8-22 所示。

表 8-22　量化符号的含义说明

量化符号	说　明
?	表示符号前的元素可选，并且最多匹配 1 次
*	表示符号前的元素会被匹配 0 次或多次
+	表示符号前的元素会被匹配 1 次或多次

续表

量化符号	说　明
{n}	表示符号前的元素会正好被匹配 n 次
{n,}	表示符号前的元素至少会被匹配 n 次
{n,m}	表示符号前的元素至少被匹配 n 次，至多被匹配 m 次

常见量化符号的用法示例如代码 8-45 所示。

代码 8-45　常见量化符号的用法示例

```
>>> text2 = '12, 123, 1233, 12333, 123333'
>>> print(re.findall('123?', text2))   # "3"最多重复1次
['12', '123', '123', '123', '123']
>>> print(re.findall('123*', text2))   # "3"可以重复0或多次
['12', '123', '1233', '12333', '123333']
>>> print(re.findall('123+', text2))   # "3"可以重复1次或多次
['123', '1233', '12333', '123333']
>>> print(re.findall('123{1}', text2))   # "3"正好重复1次
['123', '123', '123', '123']
>>> print(re.findall('123{2}', text2))   # "3"正好重复两次
['1233', '1233', '1233']
>>> print(re.findall('123{1, 2}', text2))   # "3"至少重复1次，至多重复两次
['123', '1233', '1233', '1233']
```

2. 转义字符 "\"

字符串中可以包含任何字符，如果待匹配的字符串中出现 "$" "." "[]" 等特殊字符，那么将会与正则表达式的特殊字符发生冲突。遇到这种情况，可以使用 "\" 将字符串内的特殊字符进行转义，即 "告诉" Python：把这个字符当作普通字符处理。如果字符串包含 "\"，那么也可以使用 "\" 将 "\" 转义。"\" 与一些字母组成了 Python 中的预定义字符，常见的预定义字符如表 8-23 所示。

表 8-23　常见的预定义字符

预定义字符	含　义
\w	匹配数字、字母、下画线
\W	匹配非数字、非字母、非下画线
\s	匹配空白字符
\S	匹配非空白字符

续表

预定义字符	含　　义
\d	匹配数字
\D	匹配非数字
\b	匹配单词的边界
\B	匹配非单词的边界

在正则表达式中，通常解释一个反斜杠"\"需要用两个反斜杠"\\"表示。例如，对于数字"\d"，需要用"\\d"表示。这样的操作会比较烦琐，而 Python 中自带的原生字符"r"可以简化操作。对于文本中的"\"，只需要用"r\"表示即可，如"\\d"可以写成"r\d"。在原生字符的帮助下，正则表达式的书写更加方便。

转义字符"\"的使用示例如代码 8-46 所示。

代码 8-46　转义字符"\"的使用示例

```
>>> text3 = ' wxid_6cp@16.co'
>>> print(re.findall('\\d', text3))  # 使用转义字符
['6', '1', '6']
>>> print(re.findall(r'\d', text3))  # 使用 "r"
['6', '1', '6']
>>> print(re.findall(r'\D', text3))  # 匹配非数字
[' ', 'w', 'x', 'i', 'd', '_', 'c', 'p', '@', '.', 'c', 'o']
>>> print(re.findall(r'\w', text3))  # 匹配字、字母、数字
['w', 'x', 'i', 'd', '_', '6', 'c', 'p', '1', '6', 'c', 'o']
>>> print(re.findall(r'\W', text3))  # 匹配非数字和非字母
[' ', '@', '.']
>>> print(re.findall(r'\s', text3))  # 匹配空白字符
[' ']
>>> print(re.findall(r'\S', text3))  # 匹配非空白字符
['w', 'x', 'i', 'd', '_', '6', 'c', 'p', '@', '1', '6', '.', 'c', 'o']
>>> print(re.findall(r'\b', text3))  # 匹配单词的边界
['', '', '', '', '', '']
>>> print(re.findall(r'\B', text3))  # 匹配非单词的边界
['', '', '', '', '', '', '', '', '', '']
```

8.5.4　任务实现

根据任务分析，本任务的具体实现过程可以参考以下操作。

8.5　使用 re 模块
获得字符串中的
名字、电话

（1）观察文本中人名和电话号码的出现规则。

（2）使用 findall 函数匹配带"（"的名字。

（3）去除名字后面的"（"以得到正确格式的名字。

（4）使用 findall 函数匹配电话号码。

（5）使用 zip 函数将结果打包成元组输出人名和电话号码。

参考代码如任务实现 8-5 所示。

任务实现 8-5

```
import re
text1 = '张三（男）:123456；李四（女）:123123。张三:湖南；李四:黑龙江'


name = re.findall('.{2}\（', text1)  # 匹配括号前的中文
name = [i[:-1] for i in name]  # 去除名字后的括号
nab = re.findall('[0-9]+', text1)  # 匹配数字


for i in zip(name, nab):  # zip 表示将元素打包成元组
    print(i)  # 输出人名和电话号码
```

小结

本章介绍了 Python 常用内置模块的使用，主要为 os、shutil 文件处理模块，math 数学计算模块，random 随机数生成模块，datetime 时间处理模块和 re 正则表达式模块。同时还介绍了各模块下的常用函数及具体使用方法。

实训

实训 1　运用 os、shutil 模块实现文件的增删改查操作

1. 训练要点

（1）掌握使用 os 模块查询当前工作路径下的文件，并创建一个新目录的方法。

（2）掌握使用 shutil 模块改变文件的路径，并删除指定文件的方法。

2. 需求说明

某高校为将学生信息进行统一管理，从而提升信息的安全性，需要在当前工作路径下新建一个名为"学生信息收集"的文件夹，通过对当前路径的查询操作，将各学生的信息文件移至新建的文件夹中，最后删除除新建文件夹外的其他文件信息。

3. 实训思路及步骤

（1）使用 os 模块中的 mkdir 函数创建名为"学生信息收集"的文件夹。

（2）使用 os 模块中的 listdir 函数查询当前工作路径下的文件。

（3）使用 shutil 模块中的 move 函数将当前工作路径中各学生的信息文件移至"学生信息收集"文件夹中。

（4）使用 shutil 模块中的 rmtree 函数删除除新建文件之外的其他文件。

实训 2 运用 math 模块实现三角函数、幂函数与对数函数的数学计算

1. 训练要点

（1）掌握三角函数中的 cos 和 asin 函数的使用方法。

（2）掌握幂函数与对数函数中的 log 和 sqrt 函数的使用方法。

2. 需求说明

某高校老师为了解学生对 math 模块常用函数知识的掌握情况，制作了相应的习题，要求同学们以键盘输入随机数值，并将该数值应用于 cos、asin、log 和 sqrt 函数中，从而输出对应的数值结果。

3. 实训思路及步骤

（1）使用 input 函数输入一个指定的数值。

（2）导入 cos、asin、log 和 sqrt 函数，将数值应用于各函数中。

（3）输出各函数的计算结果。

实训 3 运用 random 模块实现抽奖游戏

1. 训练要点

（1）掌握使用 uniform 函数生成指定范围内的随机浮点数的方法。

（2）掌握使用 randrange 函数生成指定范围内的随机整数的方法。

（3）掌握使用 choice 函数从序列中生成随机元素的方法。

2. 需求说明

某商场为宣传新产品、吸引客流量，在商场门口设置了抽奖游戏，该游戏要求在所给出的指定数值区间 0～100 的范围内生成随机浮点数和整数，顾客可任选其中的一种数值进行猜测，若猜对，则可得到一次抽奖资格。

3. 实训思路及步骤

（1）使用 uniform 函数在 0～100 中生成随机浮点数。

（2）使用 randrange 函数在 0～100 中生成随机整数。

（3）创建名为 gift 的列表，列表中的内容为商家所设定的奖品，奖品共有 6 个：便捷风扇、毛绒公仔、精品牙刷、保温杯、空调被、陶瓷餐具。

（4）使用 choice 函数从列表中随机抽取奖品。

实训 4　运用 datetime 模块计算天数

1．训练要点

（1）掌握 strptime 函数匹配时间数据的方法。
（2）掌握时间相减并将时间间隔转换为天数的方法。

2．需求说明

随着人们生活水平的提高，我国汽车销量也在不断地增加，对我国经济发展影响显著。某公司现有一份汽车销售数据集（汽车销售数据.csv 文件），其部分数据如表 8-24 所示。为了了解 2020 年下半年各汽车的售出时间距 2021 年的时间间隔，需要将上牌时间数据转换为 datetime 型的数据，并以 2021 年 1 月 1 日为观测窗口结束期，计算上牌时间到观测窗口结束期的天数。

表 8-24　汽车销售数据（部分）

公司	汽车品牌	...	上牌时间	...	新车含税价（元）
大众	奥迪（进口）	...	2020 年 8 月	...	66.70 万
大众	奥迪（进口）	...	2020 年 8 月	...	66.70 万
宝马	宝马（进口）	...	2020 年 8 月	...	90.13 万
宝马	宝马（进口）	...	2020 年 8 月	...	90.13 万
宝马	宝马（进口）	...	2020 年 8 月	...	76.18 万
宝马	宝马（进口）	...	2020 年 8 月	...	90.13 万
宝马	宝马（进口）	...	2020 年 9 月	...	82.71 万
宝马	宝马（进口）	...	2020 年 9 月	...	53.21 万

3．实训思路及步骤

（1）读取"汽车销售数据.csv"文件，并获取上牌时间的数据。
（2）使用函数匹配上牌时间，将上牌时间的类型转换为 datetime 型。
（3）创建观测窗口结束期的 datetime 型对象，计算时间差。

实训 5　运用正则表达式匹配字符串信息

1．训练要点

（1）掌握 findall 函数的使用。
（2）掌握元字符的使用。

2．需求说明

在实训 4 介绍的汽车销售数据中，汽车品牌、上牌时间、行驶里程、排量等信息均为字符串的形式，为了将数据中的上牌时间和排量数据进行结构化处理，可以通过正则表达式对其进行匹配。

3. 实训思路及步骤

（1）查看上牌时间和排量数据出现的规律。

（2）使用 findall 函数对上牌时间和排量进行匹配。

（3）查看匹配的数据是否符合要求。

课后习题

1. 选择题

（1）以下关于 random 模块的描述，正确的是（　　）。

    A. 每次调用随机函数生成的随机数一定完全不相同

    B. 通过 from random import*引入 random 随机库的部分函数

    C. uniform(0,1)与uniform(0.0,1.0)的输出结果不同，前者输出随机整数，后者输出随机小数

    D. randint(a,b)是生成一个[a,b]的整数

（2）对文件路径进行操作时，（　　）用来判断指定路径是否存在。

    A. os.path.exists()　　　　　　　　B. os.path.exist()

    C. os.path.getsize()　　　　　　　　D. os.path.isfile()

（3）下列属于 math 模块中的数学函数的是（　　）。

    A. time　　　　　B. round　　　　　C. sqrt　　　　　　　D. random

（4）我们在开发过程中经常会用到模块，以下不属于在 Python 中使用模块的好处的是（　　）。

    A. 避免变量和函数的冲突　　　　B. 可重用

    C. 提高运行速度　　　　　　　　D. 便于维护

（5）使用 shutil 模块不能实现（　　）格式的压缩。

    A. zip　　　　　B. tar　　　　　C. bztar　　　　　D. rar

（6）在 Python 中使用（　　）函数可生成随机浮点数。

    A. randrange　　　B. uniform　　　C. randint　　　　D. getrandbits

（7）datetime 模块中用于操作"2015-10-14 18:25:36"类型的数据的类是（　　）。

    A. date　　　　　B. time　　　　C. datetime　　　　D. timedelta

（8）以下说法错误的是（　　）。

    A. timedelta 对象内部只能存储 days、seconds、microseconds

    B. 创建 time 对象时需要完整地输入时、分、秒、微秒

    C. 创建 date 对象时需要完整地输入年、月、日

    D. 使用 date()、time()方法可以获得 datetime 对象的日期和时间部分

（9）返回正则表达式在字符串中所有匹配结果的列表的函数是（　　）。

    A. findall　　　　B. search　　　　C. split　　　　D. sub

（10）符号前的元素会被匹配 0 次或多次的是（　　　）。

    A. +　　　　　　　　B. ?　　　　　　　　C. *　　　　　　　　D. !

2．操作题

（1）输入一个正整数 n，自动生成 n 个 1～100 范围内的随机浮点数，输出每个随机数，计算并显示平均值。输入/输出示例如表 8-25 所示。

表 8-25　输入/输出示例

输　　入	输　　出
4	27.337682138808397 25.469857251321084 86.76520259704735 3.68117383527287464 the average is:35.81362008

（2）创建任意一个包含完整年、月、日、时、分、秒的 datetime 对象，计算这个 datetime 的时间戳，将时间戳除以 86400，并计算 datetime 对象与 1970 年 01 月 01 日 00 时 00 分 00 秒的时间差。

（3）使用元字符匹配"张三和李四的出生日期分别是 1999-07-02 和 1998-05-17"中的时间字符串。

第**9**章 综合案例：学生测试程序设计

随着互联网技术的快速发展，计算机技术和互联网在现代高等教育中的应用能够提高学生在校的学习效果和效率。基于计算机技术的线上测试系统可以令测试的出题、组织、答题、阅卷等过程变得便捷高效、公平公正，有效地减少资源的消耗，贯彻了节约优先、保护优先的可持续发展理念，因此开发这样一个系统是势在必行的。本章将介绍构建一个简单的学生测试程序的基本思路，实现随机抽取试卷、提示学生输入答案、自动输入答案、自动计算测试评分等操作。

学习目标

（1）了解学生测试的背景。
（2）熟悉设计学生测试程序的思路与步骤。
（3）掌握学习币的获取方法。
（4）掌握定义抽取试卷规则的方法。
（5）掌握试卷的读取方法。
（6）掌握标准答案的输入方法。
（7）掌握测试评分的计算方法。

思维导图

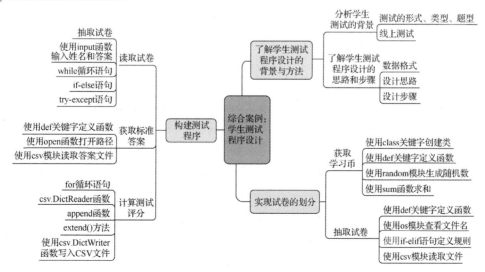

任务 9.1 了解学生测试程序设计的背景与方法

9.1　了解学生测试
程序设计的背景与
方法

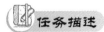 任务描述

为了对学生的学习成果进行检验，学校通常会通过测试或考试等方法查看学生的学习状态。通过了解学生测试的背景，设计一个简单的学生测试程序，实现自动抽卷、自动阅卷和自动评分等功能。

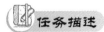 任务分析

（1）了解学生测试的背景。

（2）了解学生测试程序设计的思路与步骤。

9.1.1 分析学生测试的背景

测试主要是为了检验学生的学习成果，考查学生的学习情况，为教师提供教学分析依据。目前，常见的测试形式有笔试、口试、线上测试等。笔试的试卷内容范围较广，容量较大，通常一份笔试试卷可以有几十道乃至上百道试题。此外，笔试的试卷可以密封，在正式考试时才会开封，在评卷时又有客观的记录，考试材料可以保存备查，较好地体现了客观、公平、公正的原则。总而言之，采用笔试的方法，各学生机会均等而且相对客观，这是其他方法难以替代的。但是，笔试的缺点在于，每一次考试都需要花费大量的人力、物力和财力进行出卷、阅卷、成绩核对等，而且学生需要在规定时间、规定地点进行考试。随着时代的发展，考试类型增加，教师出卷、阅卷和成绩核对的工作量大大增加。

除此之外，为了进一步体现公平、公正的原则，考试试卷通常会设置为 A 卷、B 卷、C 卷、D 卷等，这样设置一方面可以防止学生作弊，保证学生成绩的公平，另一方面可以应对试卷泄露等突发情况。例如，当 A 卷不可用时，可以使用 B 卷，以保证考试的正常进行。与此同时，设置不同的试卷可以避免学生事后对答案的情况，避免学生因情绪而影响下一门考试。

常见的考试题型主要有选择题、判断题、填空题、简答题和应用题等，通常情况下，一份测试试卷会包含多种题型，主要为客观性试题和主观性试题。客观性试题如选择题、填空题等，其答案只需要用简单的文字或符号来表达，试题量大，涉及内容多，对学生思维的敏捷性、掌握知识的全面性要求较高，而且答案标准，评分客观、公正；主观性试题如简答题、应用题等，此类型题目的答案需要学生经过思考，用较多的文字进行表达，对学生思维的逻辑性、条理性和文字表达能力要求较高，但评卷时易受教师主观因素的影响。

学校是测试频率较高的单位之一。在各大高校中，课程科目众多，任课教师工作繁忙，每举行一次测试都需要事先进行试卷命题、复印试卷、回收试卷、评阅试卷等一系列工作，而且由于专业不同、班级不同、教师不同等因素都可能会影响到测试的有效性、准确性、公平性等，易造成测试、考试管理的不规范，给学校、教师、学生等带来诸多不便。

线上测试能够较好地解决上述缺点。线上测试和笔试的基本流程大致相同，即出卷、

考试、阅卷、统计成绩等。线上测试系统将这些步骤从纸质介质转移到计算机与互联网这一传播介质上，有诸多的好处：线上考试的自动组卷与阅卷能够帮助教师减轻出题、印卷与批改试卷的工作压力，减少传统笔试出卷方式和阅卷方式容易产生的错误；线上考试能够将学生从规定时间、专用场地的传统考试形式中解放出来，学生只要能够连接互联网即可在任何地点进行考试，大大提高考试效率；线上考试的形式还能够大大减少纸张、印刷材料等资源的消耗。

9.1.2　了解学生测试程序设计的思路和步骤

本案例主要设计简单的学生测试程序，因此，考试题型仅以判断题为例，其中题目数量为 10 道，考试试卷分为 A、B 两卷，A、B 两卷的测试范围相同（均是对 Python 的基础知识进行测试），题目的难易程度相同，且题型均为判断题。A、B 两卷的不同点在于题目内容将会有所变化。试卷的题目格式如图 9-1 所示。

在 if-elif-else 的多个语句块中只会执行一个语句块。

可变参数不显示参数的个数，同时也不限制参数的个数，其主要用在参数比较多的情况下。

函数名称可以用于调用函数。函数名称不能使用关键字来命名，可以使用函数功能的英文名来命名，函数名称的命名方法有驼峰法和下画线法。

当执行函数时，无论有无返回值，都必须写 return 函数。

……

图 9-1　试卷的题目格式

在测试程序中，除了试卷外，还需要配置试卷对应的标准答案，以便后续给学生提供一定的参考。在本案例中，A、B 两卷的标准答案存放在试卷答案文件夹中，试卷的答案格式如表 9-1 所示。

表 9-1　试卷的答案格式

题　目	答　案	题　目	答　案	题　目	答　案
第 1 题	正确	第 5 题	错误	第 9 题	正确
第 2 题	正确	第 6 题	正确	第 10 题	错误
第 3 题	正确	第 7 题	正确		
第 4 题	错误	第 8 题	错误		

成绩单是大多数考试用于记录成绩的方式，将成绩添加到成绩单中可以使学生、教师和家长更方便地查看学生总体成绩，通过成绩可以知道学生的学习成果和学生的在校状态。此外，成绩单还能让学生之间相互激励，同时知道自己目前所处的位置。例如，某班 1 组的学生第一次测试 "Python 基础知识" 的成绩存放在成绩单中，如表 9-2 所示。

表 9-2 "Python 基础知识"的测试成绩单

姓　名	成　绩	姓　名	成　绩	姓　名	成　绩
叶亦凯	50	郭仁泽	40	姜晗昱	90
张建涛	80	唐莉	70	杨依萱	90
莫子建	90	张馥雨	60		
易子歆	100	麦凯泽	80		

本案例通过程序随机抽取试卷（A 卷或 B 卷），将试卷中的 10 道判断题题目逐个输出展示，并提示学生输入对应题目的答案，最后通过将输入答案与标准答案进行匹配，计算该学生的测试评分并添加到成绩单中。

根据上述的分析过程与思路，得到总体流程如图 9-2 所示，主要包括以下步骤。

（1）使用 random 模块生成随机整数，以获取学习币。

（2）定义试卷的划分规则，并抽取试卷。

（3）读取试卷，逐个输出题目，并提示学生作答。

（4）定义试卷答案的获取规则，并获取标准答案。

（5）计算测试评分，并将评分添加到成绩单中。

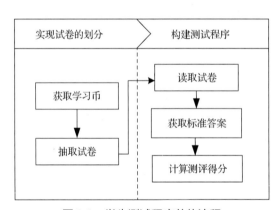

图 9-2 学生测试程序总体流程

任务9.2 实现试卷的划分

任务描述

在构建测试程序前，需要做一系列的准备工作，如获得试卷。本任务需创建一个 Test_Paper 类，并定义获取学习币函数用于获得随机整数，以取得学习币的值；定义确定试卷函数，根据学习币值抽取相对应的试卷。

9.2 实现试卷的划分

任务分析

（1）创建一个 Test_Paper 类。

（2）定义 learning_coin 函数。

（3）运用 random 库生成随机整数获得学习币值。

（4）定义 rule 函数。

（5）运用逻辑运算符定义试卷抽取规则并抽取试卷。

9.2.1　获取学习币

　　面向对象设计模式的目的是让代码更易读，并提升代码的可复用性、保证代码的可靠性。类的定义和函数的定义相似，同样是在执行 class 的整个代码后，类才能生效。使用 class 关键字创建一个 Test_Paper 类，实现的内容主要包括获取学习币、抽取试卷。Test_Paper 类的基本框架如代码 9-1 所示，关于类中自定义的函数的参数解释，将在后文设置函数体时进行介绍。

代码 9-1　Test_Paper 类的基本框架

```
class Test_Paper():
    # 定义 learning_coin 函数获取学习币
    def learning_coin(numbers, points):
        pass


    # 定义划分试卷的规则并抽取试卷
    def rule(total):
        pass
```

　　学习币是随机抽取试卷的重要依据，本案例主要通过掷骰子的方式获得学习币。每一个骰子均为 6 面，点数分别为 1、2、3、4、5、6。假定设置骰子的数量为 3，通过摇动骰子，使得 3 个骰子随意停止在同一平面上，得到的骰子的总点数会是[3,18]中的任意整数。随机获得 3 个骰子的点数并求和，点数之和即为学习币的值。获取学习币的具体过程如下。

　　（1）导入所需要的 random、csv 和 os 模块。

　　（2）使用 def 关键字定义 learning_coin 函数，因为骰子的数量为 3，且在没有摇动骰子时，假设其点数为空，所以将参数 numbers 设置为 3，参数 points 设置为 None。

　　（3）定义 points 列表用于存放骰子点数。

　　（4）利用 while 循环，同时运用 random 库中的 randrange 函数生成 3 个随机整数，整数所在范围为[1,7)，并将整数添加到 points 列表中。

　　（5）运用 sum 函数对骰子点数进行求和，并返回学习币值。

　　获得学习币的具体过程如代码 9-2 所示。

代码 9-2　定义函数获得学习币

```python
import random
import csv
import os
class Test_Paper:
    # 定义 learning_coin 函数获取学习币
    def learning_coin(numbers=3, points=None):
        '''
        输入
        ----------
        numbers: 骰子个数
        points: 骰子点数


        输出
        -------
        total: 学习币值
        '''
        points = []
        while numbers > 0:
            point = random.randrange(1, 7)   # 生成 1~6 的随机整数
            points.append(point)   # 将生成的随机整数添加到列表中
            numbers = numbers - 1
        total = sum(points)   # 获得的学习币值
        return total   # 返回学习币值
```

9.2.2　抽取试卷

为了防止学生作弊、事后对答案等问题的出现，本案例设置了 A、B 两份试卷。根据 9.2.1 小节介绍的骰子总点数范围定义试卷抽取规则，将范围[3,18]平分为[3,10]、[11,18]，判断学习币值所在范围，并抽取相对应的试卷。设定：当学习币值属于[3,10]时，抽取试卷 A；当学习币值属于[11,18]时，抽取试卷 B。抽取试卷的具体过程如下。

（1）使用 def 关键字定义 rule 函数，其中参数为 total（学习币值）。

（2）使用 os 模块查看试卷文件夹中所有的试卷名。

（3）使用 if-elif 语句定义划分试卷的规则。

（4）使用 open 函数打开文件路径。

（5）使用 csv.reader 函数读取 CSV 文件。

（6）使用 for 循环将文件的全部内容存储到列表中，并返回试卷列表。

定义试卷划分规则并抽取试卷的过程如代码 9-3 所示。

代码 9-3　定义试卷划分规则并抽取试卷

```python
# 定义划分试卷的规则并抽取试卷
def rule(total):
    '''
    输入
    ----------
    total: 学习币值

    输出
    -------
    Volume_A: A卷题目或 Volume_B: B卷题目
    '''
    # 使用 os 模块查看试卷文件夹下的文件名
    print('全部试卷文件有：', '/'.join(os.listdir('../data/试卷')))
    if 3 <= total <= 10:   # 学习币值在[3,10]中抽取A卷
        with open('../data/试卷/A卷.csv', 'r', encoding=('UTF-8-sig')) as f:
            a = csv.reader(f)
            Volume_A = [aa for aa in a]
            print('------- 正在抽取A卷 -------')
        return Volume_A
    elif 11 <= total <= 18:   # 学习币值在[11,18]中抽取B卷
        with open('../data/试卷/B卷.csv', 'r', encoding=('UTF-8-sig')) as f:
            b = csv.reader(f)
            Volume_B = [bb for bb in b]
            print('------- 正在抽取B卷 -------')
        return Volume_B
```

将 Test_Paper 类所在的文件命名为 test_paper.py，可以在后续步骤中直接调用文件中的类。

任务 9.3　构建测试程序

任务描述

构建测试程序可以实现自动抽卷、阅卷、评分等工作，与传统测试相比，大大地提高了测试效率。本任务调用 Test_Paper 类中的函数读取试卷，提示学生输入答案并将答案储存到列表中，通过将输入的答案与标准答案进行匹配，计算出学生的成绩，最后将成绩更新至成绩单中。

9.3　构建测试程序

任务分析

（1）调用 test_paper.py 文件的 Test_Paper 类。

（2）调用 Test_Paper 类中的函数获得学习币，并抽取试卷。

（3）运用 while 循环逐一输出试卷题目，并提示学生作答。

（4）判断输入的答案格式是否正确，并将输入的答案存放到列表中。

（5）定义 info_answer 函数读取对应试卷的标准答案。

（6）计算测试评分，并对应更新成绩单。

（7）将更新后的成绩单写入 CSV 文件。

9.3.1 读取试卷

在进行测试之前，需要对 A 卷或 B 卷进行抽取。导入 test_paper.py 文件中的 Test_Paper 类，并调用 Test_Paper 类中的 learning_coin 函数获取学习币，调用 rule 函数抽取试卷，最后输出学习币值和试卷内容，如代码 9-4 所示。

代码 9-4　调用函数获取学习币并抽取试卷

```
from test_paper import Test_Paper
# 抽取试卷
total = Test_Paper.learning_coin()  # 调用函数，获取学习币
print('学习币值为: ', total)
topics = Test_Paper.rule(total)  # 调用函数，抽取试卷
print('------- 试卷抽取完毕 -------')
print('试卷内容为: ', topics)
```

运行代码 9-4 所得结果如下。

```
学习币值为: 6
全部试卷文件有: A卷.csv/B卷.csv
------- 正在抽取A卷 -------
------- 试卷抽取完毕 -------
```

试卷内容为: [['在 if-elif-else 的多个语句块中只会执行一个语句块。'], ['可变参数不显示参数的个数，同时也不限制参数的个数，其主要用在参数比较多的情况下。'], ['函数名称可以用于调用函数。函数名称不能使用关键字来命名，可以使用函数功能的英文名来命名，函数名称的命名方法有驼峰法和下画线法。'], ['当执行函数时，无论有无返回值，都必须写 return 函数。'], ['关键字参数限制参数个数，非必传。'], ['在 Python 中使用 lambda 定义的函数是匿名函数。'], ['文件打开模式包括: 读取（r）、写入（w）、附加（a），以及读取和写入（r+）。'], ['__del__ 为类中删除属性的专有方法。'], ['在 Python 中，可以通过在引号前加 r 来表示原始输出。'], ['参数用于给函数提供数据，参数没有形参和实参之分。']]

由代码 9-4 运行结果可知，随机产生的学习币值为 6，在试卷文件夹中有 A 卷和 B 卷两种。根据 9.2.2 小节抽取试卷的规则可知，因为 6 在[3,10]范围内，所以程序对应抽取试

卷 A。由于学习币是随机生成的，所以每次运行代码 9-4 得到的结果可能存在差异。

　　当学生在进行测试时，通常需要输入自己的学号或姓名等信息，以保证自身成绩的准确性。使用 input 函数实现键盘输入，并通过 if-else 语句判断名字是否已经输入，若名字已输入，则进入下一步；若名字没有输入，则提示学生重新输入名字，如代码 9-5 所示。

代码 9-5　输入学生名字

```
# 开始测试
print('\n------- 测试开始 -------')
new_name = input('请输入姓名：')
nn = 1
while nn > 0:
    if len(new_name) == 0:
        new_name = input('尚未输入，请重新输入名字：')
    else:
        nn = -1
    nn += 1
```

　　运行代码 9-5 所得结果如下。

```
------- 测试开始 -------
```

```
请输入姓名：叶亦凯
```

　　通过键盘输入的名字可以是任意的，此处以第一次测试成绩单中的叶亦凯同学为例。

　　在读取试卷后，所有的题目均被存放在列表中，为了使学生答题更加方便，本案例利用 while 循环逐个输出题目，并通过 input 函数提示学生输入答案。

　　为便于后续计算学生成绩，规定答案的输入格式为"正确"或"错误"。采用 if-else 语句判断输入格式是否正确，当格式输入正确时，将答案添加到自定义的 answers 列表中，并进入下一题；当格式输入错误时，输出错误提示并要求学生重新作答。

　　当使用 while 循环语句和 if 判断语句进行题目输出并作答时，虽然错误信息没有直接显示，但是通过页面显示的最终结果可以判断出程序存在错误。在程序执行的时候，异常报错可能会影响到输出结果的显示，此时即可使用 try-except 语句进行异常处理，抛出相应的异常提示信息。输出题目并输入答案的实现如代码 9-6 所示。

代码 9-6　输出题目并输入答案

```
answers = []   # 定义用于存储答案的列表
tp = 0
try:
    while tp < len(topics):
        # 获取题目
        print('第' + str(tp + 1) + '题：' + ' '.join(topics[tp]))
```

```
        # 用键盘输入答案
        answer = input('请输入第' + str(tp + 1) + '题的答案（注意输入格式为"正确"
或"错误"）: ')
        print('\n')
        # 判断输入格式是否正确，正确则进入下一步，否则提示重新输入
        if answer == '正确' or answer == '错误':
            answers.append(answer)
            tp += 1
        else:
            print('输入格式有误，请重新审题并按正确格式作答。\n')
except:
    print(' ')
```

运行代码 9-6 所得结果如下。

第 1 题：在 if-elif-else 的多个语句块中只会执行一个语句块。

请输入第 1 题的答案（注意输入格式为"正确"或"错误"）: 正确

第 2 题：可变参数不显示参数的个数，同时也不限制参数的个数，其主要用在参数比较多的情况下。

请输入第 2 题的答案（注意输入格式为"正确"或"错误"）: 正确

……

第 10 题：参数用于给函数提供数据，参数没有形参和实参之分。

请输入第 10 题的答案（注意输入格式为"正确"或"错误"）: 错误

由于学习币的获取是随机的，所以抽取到的试卷可能不同，代码 9-6 的运行结果也可能不同。

9.3.2 获取标准答案

为了计算学生成绩，需要将学生输入的答案和标准答案进行匹配。可通过骰子总点数的范围，定义获取标准答案文件的规则，其划分方式与 9.2.2 小节的划分方式一样。当学习币值属于[3,10]时，获取试卷 A 的标准答案；当学习币值属于[11,18]时，获取试卷 B 的标准答案。获取标准答案的具体过程如下。

（1）导入 csv 模块和 os 模块。

（2）使用 def 关键字定义 info_answer 函数，其中参数为 total（学习币值）。

（3）使用 os 模块查看试卷答案文件夹下的文件名。

（4）使用 if-elif 语句判断学习币值所在范围。

（5）使用 open 函数打开试卷答案文件路径。

（6）使用 csv.DictReader 类读取 CSV 答案文件。

（7）使用 for 循环将文件中的答案存储到列表中，并返回答案列表。

定义函数获取试卷的标准答案，如代码 9-7 所示。

代码9-7　定义函数获取试卷的标准答案

```python
import csv
import os
# 定义函数获取试卷答案：根据学习币值所在范围读取相应的文件
def info_answer(total):
    '''
    输入
    ----------
    total: 学习币值


    输出
    -------
    answer_a: A卷答案或 answer_b: B卷答案
    '''
    # 使用 os 模块查看试卷答案文件夹下的文件名
    print('试卷答案文件为: ', '/'.join(os.listdir('../data/试卷答案')))
    if 3 <= total <= 10:
        with open('../data/试卷答案/A卷答案.csv', 'r', encoding=('UTF-8-sig'))
as f:
            a = csv.DictReader(f)
            answer_a = [aa['答案'] for aa in a]
            print('------- 正在获取 A 卷答案 -------')
        return answer_a
    elif 11 <= total <= 18:
        with open('../data/试卷答案/B卷答案.csv', 'r', encoding=('UTF-8-sig'))
as f:
            b = csv.DictReader(f)
            answer_b = [bb['答案'] for bb in b]
            print('------- 正在获取 B 卷答案 -------')
        return answer_b
```

9.3.3　计算测试评分

计算成绩时，需要将学生输入的答案与标准答案进行匹配，答案相同即得分。调用 9.3.2 小节自定义好的 info_answer 函数，获取试卷的标准答案，初始化成绩 res 为 0，利用 for 循环获得 10 道题中每一题的答案，采用 if-else 语句判断每一题输入的答案是否与标准答案相同，若相同则得分，若不同则不得分，最后得到学生成绩 res 并输出，以查看学生成绩和标准答案，如代码 9-8 所示。

代码 9-8　计算成绩并查看成绩和标准答案

```
# 调用函数，获得标准答案
original_answers = info_answer(total)
# 计算成绩时，将输入的答案与标准答案进行匹配
# 题目答对时加分，题目答错时不加分也不扣分，每题10分，共10题
print('\n------- 正在计算测试评分 -------\n')
res = 0
for j in range(len(answers)):
    if answers[j] == original_answers[j]:
        res += 10
    else:
        res += 0
print(new_name + '的成绩为: ' + str(res))
print('\n标准答案为: ', original_answers)
```

运行代码 9-8 所得结果如下。

```
试卷答案文件为: A卷答案.csv/B卷答案.csv
------- 正在获取 A 卷答案 -------


------- 正在计算测试评分 -------


叶亦凯的成绩为: 80


标准答案为: ['正确', '正确', '正确', '错误', '错误', '正确', '正确', '错误', '正确', '错误']
```

在代码 9-8 的运行结果中，测试的学生姓名为叶亦凯，其成绩为 80 分，还可以查看试卷的标准答案。由于抽取的试卷不同，对应的标准答案也不同，所以此处的代码运行结果也可能不同。

在获得学生最终成绩之后，通常需要将学生成绩添加到成绩单中，以便教师查看班级学生的成绩情况。现已存在第一次测试的成绩单文件，如果需要通过学生姓名对应更新学生成绩，则需要提取成绩单中所有学生的姓名。首先使用 open 函数打开文件路径；然后使用 csv.DictReader 类返回所有的成绩单信息，并将信息存放在字典的值中；最后通过列标

题（姓名）查询获得所有学生姓名，如代码 9-9 所示。

代码 9-9　提取学生姓名

```
# 读取成绩.csv 文件
with open('../data/成绩.csv', 'r', encoding=('UTF-8-sig')) as f:
    c = csv.DictReader(f)
    grades = [cc for cc in c]
results = [item['姓名'] for item in grades]  # 提取成绩单中所有学生的姓名
print('成绩单中的学生姓名：', results)
```

运行代码 9-9 所得结果如下。

成绩单中的学生姓名： ['叶亦凯', '张建涛', '莫子建', '易子歆', '郭仁泽', '唐莉', '张馥雨', '麦凯泽', '姜晗昱', '杨依萱']

将学生成绩更新到成绩单时，不允许出现姓名重复、成绩未更新等情况。可以采用 if-else 语句判断输入的学生姓名是否已存在于成绩单中，如果输入的姓名存在，那么需要根据字典中的姓名键查到其值所在的位置，对应更新该学生成绩，并输出成绩更新完成提示信息；如果输入的姓名不存在，那么需要将姓名和成绩增添到字典 info_dict 中，采用 append 函数将字典转换为列表（ info ），最后通过 extend 列表方法将列表 info 添加到成绩单 grades 末尾，并输出成绩添加完成提示信息，如代码 9-10 所示。

代码 9-10　更新成绩单

```
# 将学生成绩更新至成绩单中
# 不允许姓名重复
if new_name in results:
    # 根据字典中姓名键找到对应成绩，并更新成绩
    next(item for item in grades if item['姓名'] == new_name)['成绩'] = str(res)
    print(new_name + '的姓名在成绩单中已存在，更新成绩完成。')
else:
    # 若输入的姓名不存在，则添加数据
    info_dict = {}
    info = []
    # 字典新增数据
    info_dict['姓名'] = new_name
    info_dict['成绩'] = str(res)
    # 将字典转换为列表
    info.append(info_dict)
    # 将学生成绩信息添加到成绩单中
    grades.extend(info)
    print(new_name + '的成绩信息已成功添加到成绩单中。')
```

运行代码 9-10 所得结果如下。

叶亦凯的姓名在成绩单中已存在，更新成绩完成。

由代码 9-10 运行结果可知，学生叶亦凯的姓名在成绩单中已存在，系统直接对成绩进行覆盖。此处运行结果为测试结果，如果输入的学生姓名不同，输入的答案不同，那么运行结果也可能不同。

将学生成绩添加到成绩单后，数据呈现为字典的形式，可以通过 csv 模块中的 csv.DictWriter 类将数据写入 CSV 文件。其中，需要找出字典数据中键的集合，通过 writeheader 函数向文件添加标题，最后通过 writerows 函数将字典的内容写入文件，如代码 9-11 所示。

代码 9-11　将成绩单数据写入 CSV 文件

```
# 将成绩单数据写入 CSV 文件
key = []  # 键的集合
for i in grades[0].keys():
    key.append(i)
with open('../tmp/更新后的成绩单.csv', 'w', newline = '') as f:
    transcript = csv.DictWriter(f, key)
    transcript.writeheader()  # 输入标题
    transcript.writerows(grades)  # 输入数据
```

写入完成的 CSV 文件如表 9-3 所示。

表 9-3　写入完成的 CSV 文件

姓　名	成　绩	姓　名	成　绩	姓　名	成　绩
叶亦凯	80	郭仁泽	40	姜晗昱	90
张建涛	80	唐莉	70	杨依萱	90
莫子建	90	张馥雨	60		
易子歆	100	麦凯泽	80		

由表 9-3 可知，叶亦凯的成绩更新为 80 分。如果输入的姓名不同，输入的答案不同，那么更新后的成绩单也可能不同。

小结

本章主要介绍了学生测试的基本背景，以及设计学生测试程序的基本思路和基本步骤；详细介绍了如何实现试卷的划分，即通过 random 库随机生成 3 个整数并运用 sum 函数进行求和，其和即为学习币值，根据学习币值规定试卷抽取规则并抽取对应的试卷；紧接着介绍了测试程序的构建，首先读取试卷并输入答案，其次定义函数获取标准答案，最后将输入的答案与标准答案进行匹配，计算测试评分并更新成绩单。